개정4판

항공기 구조 및 비행안전

이병선 저

백산출판사

Preface 머리말

Global 시대의 국제화 물결로 미래 성장산업의 핵심인 항공업계에 국내에서도 많은 항공사의 항공기가 하늘을 날고 있어, 많은 학생들이 객실 승무원의 꿈을 가지고 높은 경쟁률로 도전하고 있는 실정입니다.

항공 관련학과 학생 및 차후 객실 승무원의 꿈을 키우는 학생들에게 현장과 같은 생동감 있는 내용으로 현재 국내 항공사에서 운항하고 있는 모든 항공기 구조의 이해와 장비에 대한 사용법 및 객실 승무원으로서 반드시 알아야 할 만약의 비상사태에 대비한 비행 안전 지식 등을 수록하였으니 『항공기 객실 서비스 실무』와 더불어 항공 승무원으로서 알아야 할 모든 항공 지식이 차후 현장에서 도움이 되길 바랍니다.

이 책은 저자가 28년간 항공사에서 항공기에 탑승 근무하며 얻은 항공 관련 지식과 대학에서 강의하였던 내용을 정리하여 객실 승무원의 꿈을 가진 학생들에게 드립니다.

또한 이 책을 발간하는데 도움을 주신 본인이 근무하였던 항공사, 자료에 도움을 주신 제주항공 객실 팀원 여러분, 함께 항공기 탑승 근무했던 동료 · 후배 객실 승무원 및 운항 승무원 모든 분들께 감사드립니다.

감사합니다.

저자 씀

Contents 차 례

PART 1 항공기 구조

제3장 항공기의 분류

PART 2 비행안전

제1장 비상장비

제2장 비행안전

제3장 비상사태

PART 1

항공기 구조

CHAPTER 1

항공기 개요

제1장

항공기 개요

제1절 항공기 일반

오늘날의 항공기는 사람이 새처럼 날고 싶은 욕망에서 시작되어 끝없는 도전과 실패로 현재의 발명품으로 우리에게 혜택을 제공하고 있는 것이다.

여기에 한 발 더 나아가 우주 공간에까지 나아가게 되어 우리나라에도 최초의 여성 우주인이 탄생하였다.

1. 항공기의 발달

(1) 초기의 항공기

예술가이며 과학자인 Leonardo da Vinci가 새를 관찰하다가 공중으로 뜨는 힘과 공기의 저항을 과학적으로 연구한 결과를 가지고 날개의 모양으로 날개치기 기구를 제작하였으나 날 수는 없었다.

(2) 기구 이용 비행

1709년에 얇은 종이로 공기 주머니를 만들고 아래쪽에 가벼운 접시를 놓고 접시 안에 기름을 부어 불을 켜서 더운 공기를 공기 주머니에 넣도록 제작하여 지상 35m까지 띄웠다.

그 후, 1782년 프랑스의 쟈큐스 찰스가 수소 가스를 이용한 기구로 무인으로 파리 상공을 2시간 정도를 비행하였다.

1852년 9월 23일 앙리 지파드(Henri Giffard)의 23km 비행이 시작되었다.

비행선으로는 1900년 체펠린(Zeppelin)의 비행선이 항공 운송수단의 효시가 되었다.

(3) 최초의 동력 비행

1903년 라이트 형제는 1년여 동안 체계적이고 기초적인 공기의 역학을 연구하여, 꼬리 부분에 수직 안정판을 달고, 좌 · 우 날개 끝전을 반대로 굴곡시켜 가로 안정을 수정하여 사용하였다.

1903년 12월 17일에 가솔린 엔진을 장착한 글라이더 Flyer 1호기가 12초 동안 400m를 비행하였다.

이어 1908년 근대 항공기의 원형이라 할 수 있는 겹날개가 아닌 단엽식의 홑날개 형식으로 변경하여 크기, 무게, 성능, 조종면에서 탁월하여 영 · 불 해협 40km를 32분 만에 비행하였다.

(4) 민간 항공기

1933년 승객 36명 정원의 B247 쌍발기가 등장하고 1949년 Jet Comet가 시속 780km, 비행거리 2,400km로 장거리 비행 및 대형 항공기로 박차를 가하게 되었다.

항공운송산업의 발달 배경은 1차적으로 영국의 산업혁명 직후 철도시대에서 2차적으로 미국의 자동차 시대로 그리고 3차적으로 교통의 혁신이라 할 수 있는 항공기 중심의 시대로 변환되었다.

항공수송 고유 특성에 맞게 대중성, 안정성, 고속성, 정시성, 쾌적성, 경제성 그리고 국제성을 바탕으로 항공기 제작에 1954년 B707이 등장하면서 1958년 PAM AM 항공사가 뉴욕에서 파리 구간을 운항하므로 현재와 같은 항공기 여행의 길이 열리게 되었다.

1969년 Boieng사 B747의 등장으로 영 · 불 합작의 Concord, Macdonnel Douglas의 DC-10, 1972년의 Air Bus사의 A300 등의 많은 신 기종을 개발 운항하게 된 것이다.

그 후 1980년대 항공 여행의 대중화로 경제성과 효율성 등을 감안, 신기종의 개발에 박차를 가하게 되었다.

최근에는 항공기의 초대형화 된 "Super Jumbo"라 칭하는 A380과 15,000km 이상을 비행할 수 있는 최첨단의 B787이 생산되었다. 이들은 항공기 제작에 소음을 최소화하고 이산화탄소 배출량을 낮게 배출하는 친환경적인 비행기로 나아가고 있다.

제2절 항공기 구조의 일반사항

1. Version

항공기 유형 중에 항공기의 크기, 객실의 구조, 엔진의 크기 등이 상이한 것을 Version이라 한다.

일반 항공기는 Boeing, Mc Donnell Douglas, Airbus, Forker 등의 여러 항공기 제작사로부터 제작되고 있다.

항공기의 방향 표현의 용어는 항공기 내부에서 조종실을 바라볼 때 보는 쪽을 기준으로 하여 전방, 후방, 좌측, 우측(Forward, After, Left, Right)으로 위치를 표현한다.

그러나 모든 항공기의 일반사항은 다음과 같다.

- B747 Type
  744P, 744E, 744S, 744A, 744B 등
- B777
  772P, 772A, 773P 등
- A330
  A332P, 333P, 333Y 등

2. 항공기의 크기

- **전장**(Length) : 항공기의 Nose로부터 Tail Section의 끝까지를 말한다.
- **전폭**(Wingspan) : Left Wing에서 Right Wing의 끝까지를 말한다.

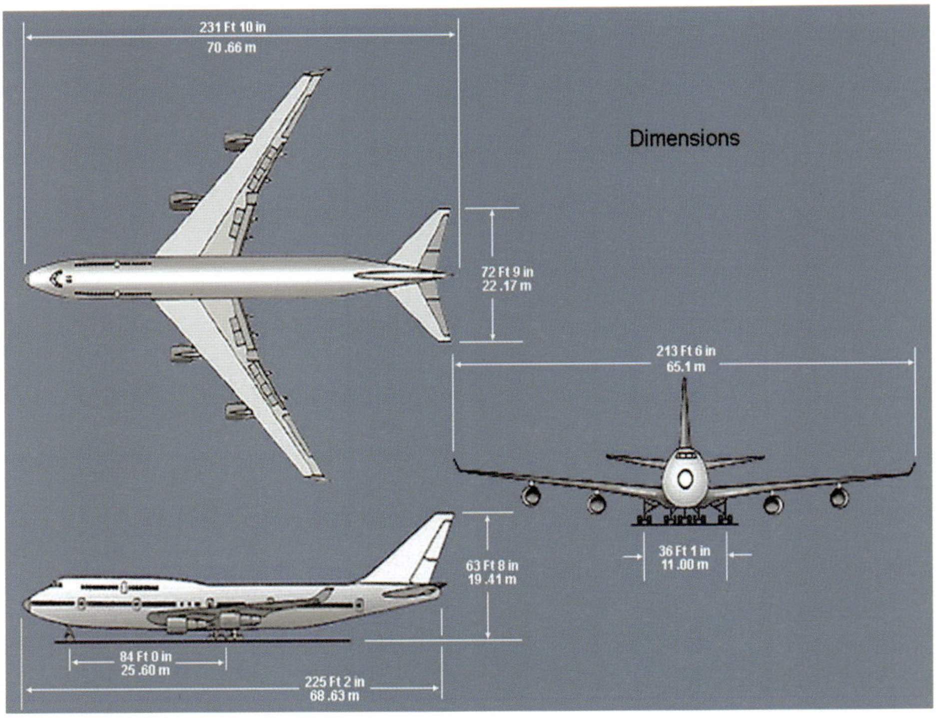

3. 항공기의 성능

- 최고 순항고도(Maximum Altitude)

  항공기가 해수면으로부터 가장 높이 날을 수 있는 비행고도이다.

- 순항속도(Cruise Speed)

  최적의 연료 효율로 일정기간 날아가는 속도이다.

- 최대 항속거리(Range)

  정상적으로 연료 탑재 후 항공기가 날아갈 수 있는 최대 거리이다. 그러나 바람의 영향, 항공기의 중량에 따라 달라진다.

4. 항공기의 분류

항공기는 공기보다 무거운 항공기기인 중항공기와 공기보다 가벼운 경항공기로 분류한다.

(1) 경항공기

기구, 비행선과 같이 수소 가스, 헬륨 가스, 열 공기 등의 부력으로 공중에 뜨는 항공기를 말한다.

(2) 중항공기

고정 날개의 항공기, 헬리콥터, 활공기 및 광의적으로 우주선 등으로 날개와 공기의 상대 운동으로 발생하는 양력으로 비행이 가능한 것을 말한다.

5. 항공기의 비행원리

- **양력(Lift)**

  항공기가 뜨기 위한 수직으로의 부양력

- **중력(Weight)**

  항공기 자체 무게 및 지구 중심을 아래로 작용하는 힘

- **추력(Thrust)**

  항공기가 나아가는 방향으로 끌어 주는 힘

- **항력(Drag)**

  항공기가 나아가는 것에 저항하는 힘

CHAPTER 2

항공기 구조

제2장

항공기 구조

제1절 항공기 외부 구성

항공기는 동체, 주날개, 랜딩 기어 등으로 크게 나누어 구성되어 있다.

1. 동체(Fuselage)

항공기의 몸통 부분으로 크게 나눠어 맨 전방의 조종실(Cockpit), 객실(Cabin),

화물 탑재칸(Cargo Compartment) 및 Landing Gear가 들어가는 각격납부(Wheel Well) 등의 공간을 말한다.

2. 주날개(Main Wing)

Wing은 동체(Fuselage)의 가운데 위치하고 Wing의 전방을 Leading Wing(주날개)라 칭하고, Wing의 후방은 Trailing Edge(부날개)라 한다.

이는 비행 중에 공기작용으로 양력을 발생시켜 항공기를 뜨게 하는 역할의 중심인 것이다.

Wing은 항공기의 연료탱크로 이용된다.

일부 항공기에는 Main Wing 끝에 Winglet이 있어 소용돌이를 방지하므로 연료절감의 효과를 가지고 있다(B747-400, B737, A380, A330 등).

(1) 플랩(Flap)

주날개 뒤쪽에 장착되어 있으며 실질적으로 항공기를 날게 하기 위해 양력을 증가시키는 장치로 항공기가 이 · 착륙시 활주로의 거리를 짧게 하며 감속에도 기여한다.

(2) 스포일러(Spoiler)

착륙시 스포일러를 수직으로 세워 공기의 저항으로 속도를 줄이며 날개의 양력을 제거하는 역할을 한다. 또한 착륙 후에는 공기 브레이크 역할로 제동작용을 한다.

(3) 에일러론(Aileron) : 보조익

양쪽 날개에 부착되어 항공기의 기체를 좌 · 우 방향으로 롤링(Rolling)을 조정하며 선회운동을 순조롭게 하는 역할을 한다.

3. 꼬리 날개(Tail Wing)

꼬리부분은 수직 안정판(Vertical Stabilizers)과 수평 안정판(Horizontal Stabilizers)으로 되어 있으며, 안정판은 항공기의 균형 유지와 항공기 이 · 착륙시 좌 · 우 방향전환 작용을 한다.

그리고 수직 안정판 뒤쪽에 배의 방향타와 같이 이 · 착륙시 방향을 잡아 주고 항공기를 좌 · 우 선회를 돕는 목적으로 방향타(Rudder)가 있다.

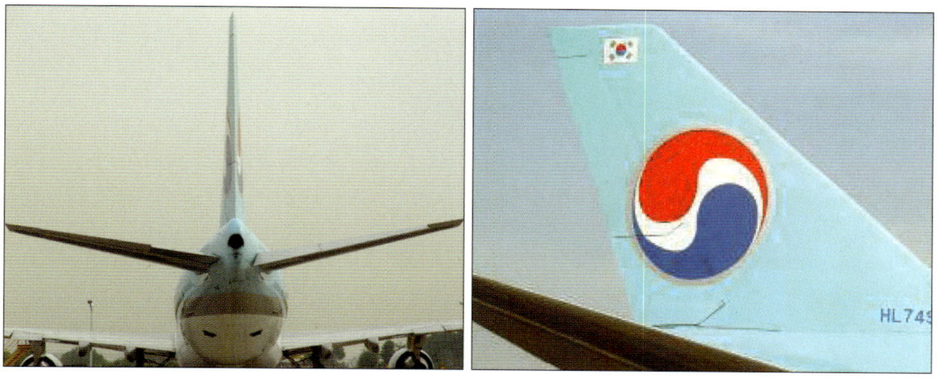

꼬리 날개(Tail Wing)

4. 엔진(Engine)

엔진은 대부분 항공기 동체의 옆이나 Wing에 장착되어 있으나, 일부 항공기(MD-11, DC10, B727 등)는 동체 후미부분에 장착되어 있어 항공기의 주동력을 제공한다.

항공기는 기종에 따라 그 엔진의 수는 차이가 있다.

또한 엔진의 번호는 왼쪽으로부터 부여하며, 항공기의 엔진은 Pratt And Whitney, General Eletric 및 Rolls Royce 회사가 제공하고 있다.

B747 및 MD11 Engine

5. 랜딩 기어(Landing Gear)

Landing Gear는 항공기의 이동이나 이·착륙시 사용되며, 전방에 위치한 것은 Nose Gear라 하며 이는 항공기의 균형 및 방향전환에 사용한다.

동체의 중앙 하단에 좌·우에 위치한 것은 Main Landing Gear라 하고 균형 유지, 충격 흡수, 제동작용을 한다.

참고로 B747 기종에는 Nose Gear 1조(2개), Main Landing Gear 4조(4개씩 16개)로 전부 18개의 바퀴로 이루어졌다.

Nose Gear & Landing Gear

제2절 항공기 내부 구성

1. 조종실 구조

항공기의 조종실을 Cockpit 또는 Flight Deck이라고 한다.

Cockpit의 의미는 작고 협소한 공간을 의미하는 것으로 선박에서 사용하며, 선박의 선장을 Captain이라고 칭한다.

조종실은 시야 확보를 위하여 항공기의 최전방 또는 최상부에 위치하고 있다.

조종실 내부에는 항공기 조종을 위한 조종간, 각종 계기판, 각종 스위치 및 통신시설 등의 다양한 기계설비로 이루어지고 있다.

(1) 인원 구성

주 조종사를 PIC(Pilot-In-Command)라 하며, 그의 임무는 항공기의 안전과 운항에 관련된 모든 권한과 책임을 가진 자를 말한다.

항공기 진행방향으로 기장은 왼쪽에, 부기장은 오른쪽에 위치한다.

사례로 초기의 B707 기종에서 조종실의 인원구성은 기장(Captain), 부기장(First Officer), 항공정비사(Flight Engineer), 항법사(Navigator) 그리고 탑재관리사(Load Master)가 탑승하였다. 그러나 항공기술과 장비의 진보로 항공기 내에 컴퓨터 시스템을 구성, 항공기의 화물과 승객의 탑재 무게 균형의 Weight Balance 임무인 탑재관리사와 지도에 의해 운항을 담당했던 항법사가 제외되어, B747-200에서는 3인의 승무원 체제로 운항하다가 더욱더 발전된 장비로 B747-400, A330 기종 이후 항공정비사의 역할도 불필요하게 되었다.

그리하여 기장, 부기장 2인의 승무원 체제(Two-Man Crew System)가 된 것이다.

(2) 내부 구조

조종실의 내부 구조와 운항시스템의 차이점은 기종별, 제작사별, 항공사별로 차이가 있다.

A380 Cockpit

B787 Cockpit

2. 객실 구조

항공기의 기내를 객실이라 하며 영어로 Cabin이라 한다.

그리하여 객실 승무원 또는 Cabin Attendant(C/A) 또는 Cabin Crew라고도 부른다.

항공기의 객실은 항공기의 크기에 따라 몇 개의 비상구(Exit Door)와 비상구 사이로 구분하여 Class와 구역 Zone으로 나누며, 대형기 및 중형기에서는 객실 승무원의 근무구역 설정이 된다.

또한 항공기 객실 통로[1]에 따라 대 · 중 · 소형기로 구분할 수 있다.

- B747-400(Class와 Zone)

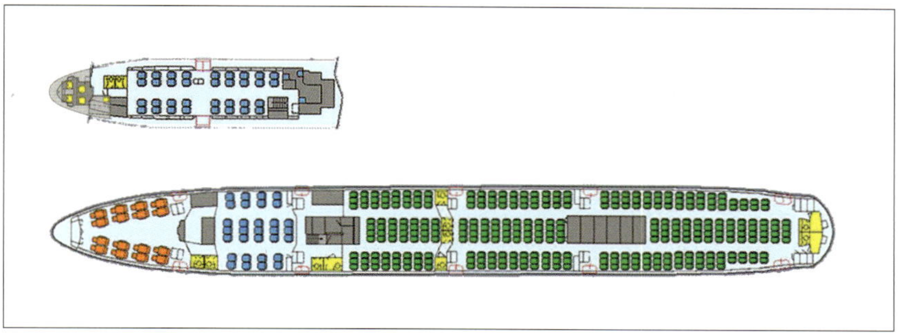

- A 380(Class와 Zone)

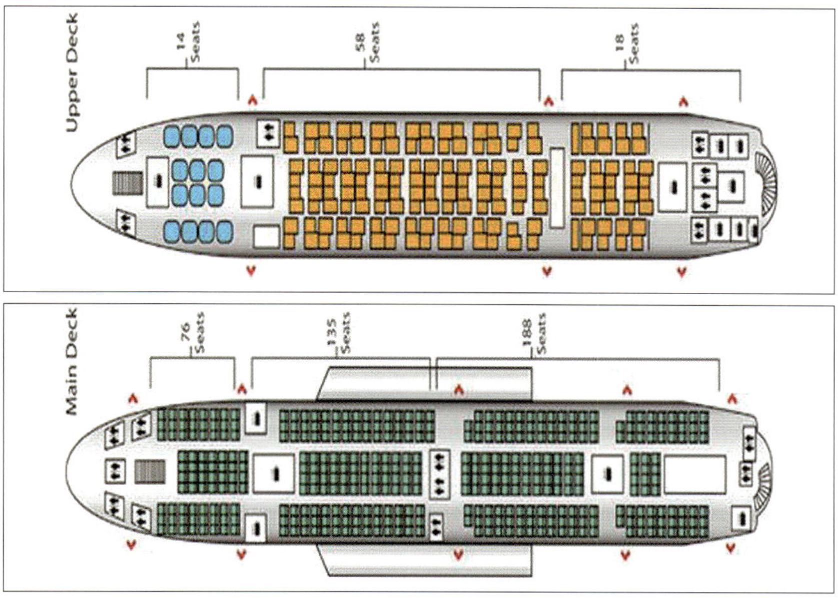

1) 객실 통로(Aisle) : 항공기 전 · 후를 연결하고 승객이 통행하는 기종에 따라 1~2개가 있으며, 통로가 1개인 항공기를 Narrow Body(내로우 바디) 라 하고, 2개인 항공기는 Wide Body(와이드 바디) 라 칭한다.

(1) 항공기의 종류

① 대형기

대형기는 신형인 A380, B747-400, B747-300과 B777-300 항공기를 예로 들 수 있다. 대형기의 객실구역은 앞에서 뒤로 A, B, C, D, E Zone으로 구분하고 있다. B777-300인 경우 비상구가 양쪽 5개씩 있으며 Upper Deck Zone은 없다.

B747-400

② 중형기

중형기는 Airbus사의 A600, A330, A340 등과 Boeing사의 B777-200, B767-300, B767-400 등의 항공기를 예로 들 수가 있다. 중형기의 객실구역은 앞에서 뒤로 A, B, C, D, Zone으로 구분하고 있다. B777-200인 경우 비상구가 양쪽 4개씩 있다.

③ 소형기

소형기는 Boeing사의 B737 전기종, Forker사 및 기타 소형 항공기 등을 예로 들 수가 있다. 비상구는 좌 · 우 2~3개가 있으며, 항공기의 전방, 후방의 개념으로 근무구역을 설정한다. B737은 항공기 중간에 Overwing Window Exit이 좌 · 우에 2개씩 있다. 소형기의 객실구역은 앞은 Forward

(FWD), 뒤는 After(AFT)로 구분하고 있다.

(2) 항공기의 객실등급

항공기 객실등급은 일등석(First Class), 이등석(Business Class), 그리고 일반석(Economy Class)으로 구분되고 있으며, 항공사마다 객실등급의 명칭은 차이가 있다.

하지만 기존 미국의 "사우스 웨스트" 항공사와 국내 신규의 저가항공사 "진에어"에서는 탑승수속시간을 절약하기 위해 탑승권의 좌석번호 없이 공항에 오는 순서대로 구역별로 앉도록 하고 있으며 Mono Class 단일 등급으로 운영한다.

① 일등석(First Class) : FR/CL

일등석은 객실의 맨 앞이나 Upper Deck에 위치하며, 극소수의 승객을 위해 다른 등급의 좌석과는 달리 호화스러움과 편안함을 최우선으로 좌석의 간격과 사이가 넓으며, 쾌적함과 안락하게 Luxury한 좌석의 수를 8석에서 16석 정도로 제한하고 있는 것이 보편화되어 있다.

새로운 기종의 A380에는 장거리 승객을 위한 간이 샤워장도 설치할 수 있다고 한다. 또한 미닫이문으로 독립된 객실을 만들어 운영하고 있다.

B747-400 Slipper Seat

KAL의 Cocoon Style Sleepers Seat

항공기 전방에 위치하는 이유는 항공기의 요동과 소음이 가장 적은 공간이기 때문이다.

② 이등석(Business Class)

모든 항공사의 마케팅전략 대상으로, 특색 있는 명칭으로 경쟁하며 승객의 다양한 편의 시설을 제공하고 있다. 네덜란드 항공사 KLM이 최초로 일등석을 없애고 비즈니스를 위한 이등석을 운영 실시하여 승객에게 적은 요금으로 일등석과 같은 대우를 받는 좋은 결과를 가져왔다.

이등석의 객실 위치는 일등석 뒤쪽 Zone의 Main Deck(M/D)이나 2층 Upper Deck에 위치하고 있으며, A380인 경우는 2층을 사용하는 것으로 Lay-Out 되어 있다.

이등석 승객의 수는 항공기 구조에 따라 1개 내지는 2개의 공간을 이용하여 20~60여 명 정도로 소수를 위한 공간이다.

항공기 내의 구조는 항공사 특징을 살린 Option에 의해 제작되고 있다.

- 각 항공사의 특색 있는 명칭
  - Thai Airways Int'l Public Co. **(TH) : Royal Silk Class**
  - Korean Air **(KE) : Prestige Class**
  - British Airways **(BA) : Club World**

Upper Deck & Main Deck Business Seat

- Malaysian Airline　　　　(MH) : **Golden Club**
- Cathay Pacific　　　　(CX) : **Marco Polo Class**
- Air France　　　　(AF) : **Espace**
- Japan Airlines　　　　(JL) : **Executive**

③ 일반석(Economy Class) : EY/CL

각 기종에 따라 좌석 수의 차이가 있으며 100명에서 500여 명까지 탑승할 수 있는 공간이다. 객실 내의 위치는 비즈니스석의 후반부부터 전 객실을 이용하며, A380 경우는 1층 전체를 일반적으로 설정해 놓고 있다.

최근 항공사별로 신형 기종의 일반석에 승객의 편리함과 쾌적성을 위해 등받이 각도와 좌석 간의 간격을 넓히고, 발 받침대를 장착하는 시설에 주력하고 있는 실정이다.

비상구 주변 좌석에는 FAA 규정에 의해 15세 미만의 승객은 배정할 수 없도록 규정되어 있다.

A600 Economy Class

(3) 항공기의 객실 구성

① 각 Class별 승객좌석

승객의 좌석은 열의 형태로 배치되어 있으며, 이런 열은 번호로 지정되고 각 좌석은 영문 알파벳 순으로 지정되어 있다.

좌석은 승객 좌석과 승무원의 좌석(Jump Seat)으로 구분할 수 있다. 좌석은 객실서비스 등급에서 기술한 바와 같이 일등석, 이등석, 일반석으로 나뉘며, 각 항공사별로 자사의 특성에 맞게 좌석을 배치하며 간격(Seat Pitch)과 너비의 차이가 있다.

좌석의 구성요소는 Armrest, Footrest, Seatbelt, Tray Table, Seat Pocket, Seat Restraint Bar 및 모든 승객과 승무원 좌석 밑에는 비상 착수 상황을 대비하여 사용할 수 있도록 Life Vest(비상용 구명복)가 비치되어 있다.

- Armrest : 이는 고정식과 유동식이 있으며 앉아 있을 때의 팔걸이로 좌석을 뒤로 기울이는 Recline Button과 종류에 따라 음악의 선곡 및 음량 조절장치, 독서등, 승무원 호출장치[2] 등이 있다.

- Footrest : 일등석과 이등석에는 설치되어 있으며, 일반석에도 전체적으로 장착되어 가는 추세이다. 상위 Class의 Footrest의 조절장치는 Armrest에 설치되어 있다.

- Tray Table : 일반석은 대부분 앞좌석 등받이에 있어 아래로 내려 사용하고 사용치 않을 때는 위로 올려 Twist Lock시켜 고정시킨다. 상위 Class와 Bulkhead Seat[3]의 Tray Table은 Armrest 안에 장착되어 있다.

---

2) 승무원 호출장치 : Passenger Call : Blue, Lavatory Call : Amber, Crew Call : Pink색으로 승무원 Panel에 표시되며 Chime이 울린다.

3) Bulkhead Seat : 객실을 나누는 칸막이로 Class나 Zone 사이에 설치되어 분리벽에 있는 좌석을 말한다.

Meal Tray Table 및 Footrest

- Seat Pocket : 앞좌석 등받이 밑에 위치하며 Safety Instruction Card, 기내 잡지, 기타의 인쇄물 등이 비치되어 있으며, Bulkhead Seat 같은 경우에는 Side Wall이나 Bulkhead에 있다.

FR/CL 및 PR/CL의 Seat Pocket

② 승무원의 좌석(Jump Seat)

승무원의 좌석(Jump Seat) : 승무원의 좌석 주변을 Duty Station이라고 하며, 비상시 승객의 탈출을 위해 비상구 옆에 전향 또는 후향으로 위치하며 1~2명이 앉을 수 있도록 설치되어 있고, 사용치 않을 때에는 자동적으로 접히게 되어 있다. 모든 Jump Seat에는 좌석벨트와 Shoulder Harness Type Belt로 구성되어 있다.

또한 승무원의 좌석 주변에는 Attendant panel[4]이 있다. 뿐만 아니라 방송용 인터폰과 산소마스크 등의 각 비상장비가 장착되어 있다.

Attendant panel의 기능은 각 Station별로 상이하나 Cabin Light, Reading Light, Cabin Temperature Control 및 Water Quantity Indicator 등이 되어 있다.

승무원의 좌석(Single Jump Seat)

③ 선반(Overhead Bin)

승객의 휴대수하물을 보관하는 곳으로, 위쪽으로 열리는 것과 아래로 열리는 것이 있으며, 뚜껑이 있는 것은 Stowage Bin이라 하고 없는 것은 Hatrack이라 한다. 바깥쪽에는 수용할 수 있는 최대 허용 무게 표시(Placard)가 붙어 있다.

항공기 내 Overhead Bin에서의 수하물 낙하 사고로 부상의 빈번도가 상당히 높은 것을 감안할 때 많은 주의를 요한다.

---

4) Attendant panel : 승무원 좌석 주변에 있으며, 객실 내의 조명 조절장치, Communication System, Pre-Recorded Announcement나 Boarding Music을 조절하는 장치가 설치되어 있다.

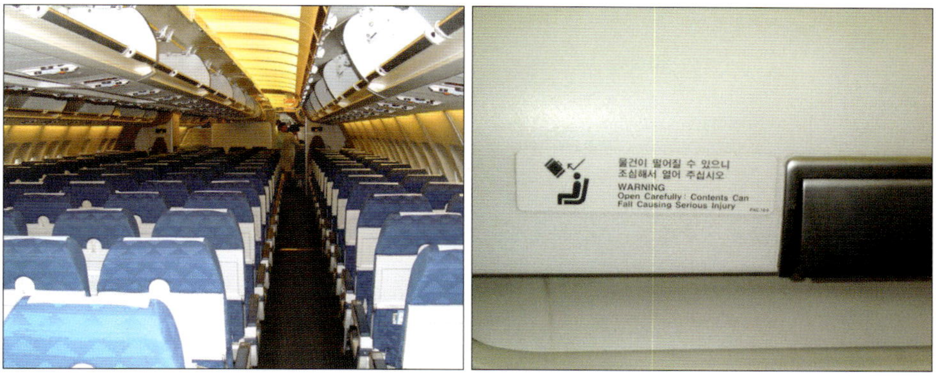

Overhead Bin

④ Galley(주방) : GLY

비행 중 승객에게 제공하여야 할 각종 기내식과 음료를 보관하고 준비하는 곳을 Galley라 한다.

그 위치는 항공기종에 따라 다소의 차이는 있으나, 항공기의 전방, 중앙, 후방에 있으며, Oven, Coffee Maker, Water Boiler, 냉장고, Micro Oven, Meal Cart, 음료 Cart, 각종 서비스용품 등을 보관할 수 있는 Compartment가 있다.

모든 Galley의 전원은 Cockpit에서 공급, 차단을 하는 System으로 되어 있다.

B747 후방 Galley

ⓐ Oven

지상에서 탑재된 Meal, 빵 등의 기내식과 Towel, Dish 등을 Heating하여 승객들에게 제공하기 위해, 객실 승무원은 Meal의 내용은 물론 Heating Item에 대한 내용물을 파악하여 적정한 온도, 시간 등을 정확을 기하여야 한다.

High : 220℃, Mid : 180℃, Low : 140℃

Oven은 On-Off Switch, Timer, Chime 표시등으로 구성되어 있다.

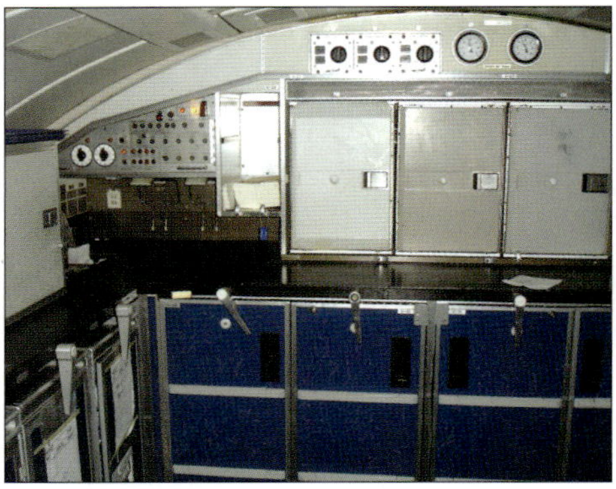

Oven 및 Oven Control Switch

ⓑ Microwave Oven

초기에는 전자파가 발생한다는 이유로 탑재하지 않았으나, 현재의 Microwave Oven의 전자파가 최소화되어 일등석과 이등석의 갤리에 장착되어 사용하고 있다.

무엇보다도 신속히 승객을 응대하는데 커다란 역할을 하고 있는 것이다.

Microwave Oven

ⓒ Coffee Maker

모든 Galley에는 Warming Pad, Securing Bar, Hot Water Faucet로 구성되어 있는 Coffee Maker가 설치되어 있으며, On-Off Switch에 의해 작동되고 작동 중임을 알리는 Indicator Light로 Brew 중임을 Check 가능하다. 상단에는 Coffee Pack Holder가 있고 Sensor가 있어 Coffee의 양이 Coffee Pot 내부까지만 내려오며 자동적으로 중단되는 System으로 되어 있다.

신기종에는 Espresso, Cappuchino, Caffe Lattes를 제조하는 특별한 기능의 Coffee Maker도 장착되어 있다.

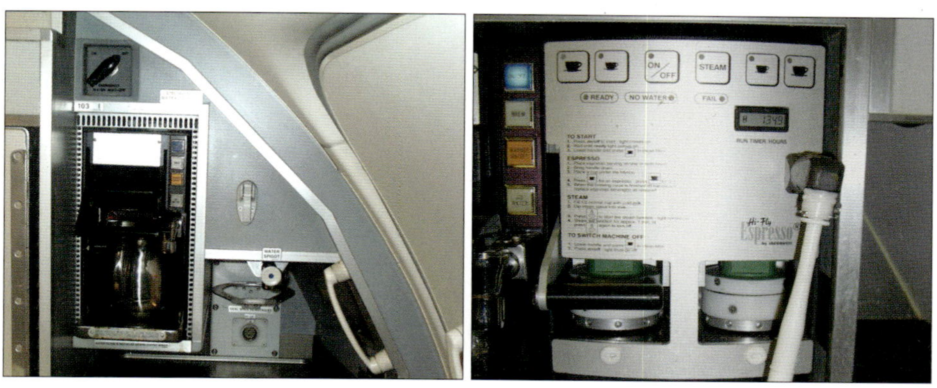

Coffee Maker

ⓓ 냉장고

일부 Galley에는 냉동, 냉장을 할 수 있는 냉장고가 설치되어 Chilling하는 데 큰 효과를 낸다.

초창기의 항공기에는 냉장고 시설이 없어 얼음과 Dry Ice를 이용하여 식음료를 냉장 보관하였으나, 장시간 후에 얼음이 녹으면서 누수 현상이 발생하여 항공기 기기에 안전 관련 문제점이 대두하게 되었다.

냉장고

ⓔ Drain과 Water Faucet

항공기 외부로 오수를 배출시키는 역할을 한다. 그리하여 지상에 있을 때에는 음료수나 뜨거운 물을 버려서는 안 되며, 특히 비행 중에 Coffee, Juice 등을 버려서도 안 된다.

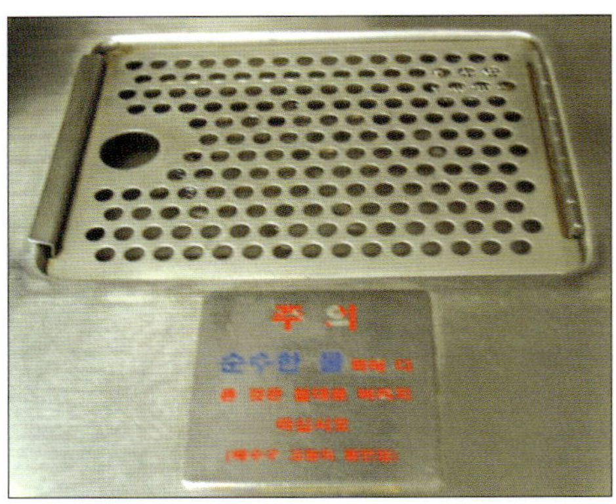

우유와 Wine은 서로 상호 작용하여 고형화되어 Drain이 막히게 되니 각별히 주의해야 한다.

Drain에는 순수한 물만 버린다.

ⓕ Compartment

모든 Galley에는 음료수나 모든 기내용품을 보관하는 장소로 Compartment가 설치되어 있다. 또한 이동 가능한 Carrier Box을 이용하여 식사, 기내용품 등을 사용 탑재한다.

ⓖ 쓰레기통

모든 Galley에 설치되어 있으며, Cover는 항상 닫혀 있어야 한다. 이제는 유압 압축을 이용한 Trash Compactor 사용으로 종전의 비닐을 이용하여 장거리 비행에 쓰레기 처리 문제를 해결뿐만 아니라 제한된 공간의 확보 차원에서 많이 사용하고 있다.

쓰레기통

ⓗ Cart

Cart의 용도는 식사, 음료, 기내 판매서비스 및 기내용품 보관에도 사용된다. Cart의 종류로는 Meal Cart, Beverage Cart, Sales Cart, Serving Cart가 있다.

Meal Cart

Serving Cart

ⓘ Circuit Breaker

Circuit Breaker는 Coffee Maker나 Oven 등의 모든 전기시설 장비가 Galley에 있으므로, 만일 전기의 과부하 현상이 발생하면 Circuit Breaker가 튀어나와 전원 공급을 차단시키는 역할을 한다.

주의사항

- Circuit Breaker를 눌러 전원을 재연결하기 전에 기장에게 연락한다.
- 재연결된 Circuit Breaker는 인지할 수 있도록 표시를 해야 한다.
- Circuit Breaker를 이용한 전원의 재연결은 1회에 한해 가능하다.
- 해당 Circuit Breaker가 다시 튀어 나오는 경우 재사용을 금지한다.

Circuit Breaker

⑤ 화장실(Lavatory)

항공기 내 화장실은 대부분 항공사가 동일하였으나, 항공사의 고급화 및 차별화의 일환으로 고객만족을 위해 크기, Lay-Out, 사용자의 선별 등으로 운영하고 있다.

일본항공(Japan Airlines)에서는 여성용 화장품과 여성 취향의 내부 벽지를 설치한 여성전용 화장실, Baby Diaper 처리용 받침대를 설치한 유아전용 화장실, 장애인의 출입이 용이하도록 화장실 문의 크기 확대 및 보조 핸들의 장착 등의 내부시설 변경, 기타 등의 화장실로 차별화하고 있다.

대한항공은 A300 이상의 중 · 대형기에 여성전용 화장실을 운영하고 있다. 신기종 B787의 화장실에는 외부의 창문을 설치할 예정이다.

A330 화장실에는 내부에 승객의 편의제공을 위해 객실에서 "Fasten Seat Belts" Sign이 On이 되면 "Return To Seat" Sign이 동시에 작동되며, 승무원 호출 Attendant Call Button, 전기면도기 Plug용 Outlet의 Lavatory Service Unit(LSU)가 장착되어 있다. 항공기 화장실의 Waste System은 Water Flushing Type과 Air Vacuum Suction Type이 있다.

또한 기내 화재 방지를 위해 연기 감지용(Smoke Detector)이 설치되어 있다. 연기 감지시 고음의 경고음과 동시에 Smoke Detector내 Alarm Indicator Light(Red)가 점등되며, 연기가 소멸될 때까지 지속적으로 점등된다.

Lavatory

Smoke Detector

⑥ Coat Room(옷장)

항공기 전 · 후방 및 벽면을 이용하여 별도의 공간으로 설치한 곳으로 고객의 의류 및 휴대수하물 그리고 기타 Service 물품을 보관하는 Compartment를 말한다.

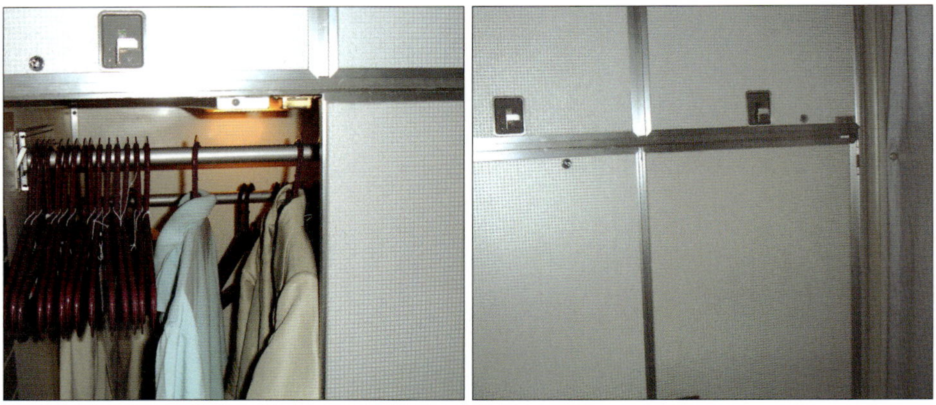

Coat Room

⑦ Passenger Service Unit(PSU)

비행 중에 승객이 좌석에 앉아서 이용할 수 있는 일부의 편의시설로, Reading Light(독서등), 승무원 호출 버튼, 좌석벨트 및 금연표시등, Air Ventilation(환기장치), 내장되어 있는 산소마스크 등이 있으며, 좌석의 팔걸이나 머리 위 선반 속에 장착되어 있다.

Passenger Service Unit

1) Volume Control : 음량 조절

2) Reading Light Switch : 독서등

3) Channel Selector Button : 채널 선택버튼

4) Call Button : 승무원 호출버튼

5) Headset Jack : 헤드폰 잭

⑧ Bunk

장거리 비행(보통 10시간 이상)시 승무원이 교대로 Rest할 수 있는 공간으로서, 기종별로 B747-400인 경우는 객실 후방 2층에 위치하고 B777이나 A330인 경우는 항공기 중간 하단에 위치하고 있으며 6~8개의 침대로 되어 있다.

A380 CREW Bunk

CHAPTER 3

항공기의 분류

제 1 절 제작사의 항공기 변화

제 2 절 항공기

제3장

항공기의 분류

현재 국내 항공사에서 운항하고 있는 각 항공기의 기종은 다양하다. 전 세계적으로 항공산업의 발달은 신기종 개발에 박차를 가하며 더욱더 발전하고 있기 때문이다.

민간 항공사의 발달은 모든 항공기 제작사의 발전을 준 것만은 아니다. 오히려 새로운 경쟁자로서의 Boeing사와 Airbus사로의 양대 체제로 치열한 경합이 이루어지고 있다.

현재 Airbus사의 Super Jumbo인 A380과 Boeing사의 Dream Liner인 꿈의 비행기, B787이 전 세계의 항공기 판매시장에 치열하게 각축을 벌이고 있는 것이다. 이에 대한항공에서도 각 항공기를 주문하여 인수를 바라보고 있는 실정이다.

참고로 Macdonnel Douglas사, Lockheed Martin사, Northrop사는 항공기 제작시장에 한 획을 그은 대표적인 항공기 제작사였다.

제1절 제작사의 항공기 변화

1. Boeing사 항공기

(1) 설립

1916년에 William Boeing에 의해 설립되었으며, 본사는 시카고에, 공장은 시애틀에 있다.

(2) 항공기 제작의 변화

1938년 : Boeing Clipper 314 항공기 제작
1950년 : B707 항공기 제작
1958년 : B727, B720 항공기 제작으로 최초의 민간 상업용 제트여객기 탄생
1967년 : B737 항공기 제작
1970년 : B747 최초의 4 Engine으로 대형 항공기로 장거리용으로 제작
1994년 : B777 항공기 제작
이후 처음에는 B7E7으로 명하는 초장거리용 항공기인 B787의 등장이 출시를 앞두고 기대되고 있다.

(3) 기타

보잉사에는 비행기 연간 주문량이 2003년 240대, 2005년 1,037대, 2007년에는 1,423대라는 폭주하는 현상이 일어나고 있다.

2. Airbus사 항공기

(1) 설립

1967년 유럽의 프랑스, 독일, 영국, 스페인 4개 국가가 공동으로 Boeing사에 대응하여 설립하였으며, 본사는 프랑스에 있다. 2001년 국영화되었던 회사를 민영화하게 되었다.

(2) 항공기 제작의 변화

1972년 : A300 항공기 제작

1982년 4월 3일 : A310은 첫 비행을 하였고, 스위스 항공과 독일의 루프트한자 항공사에 의하여 1983년 4월 12일부터 상용 서비스에 들어갔다.

1984년 : A320 항공기 제작
아시아나항공(주)에서도 보유하고 있는 기종이다.

1987년 : A330 항공기 제작

1991년 : A340 항공기 제작

현 재 : A380 Double Deck의 Super 제트 여객기 탄생

제2절 항공기

현재 국내 및 많은 항공사에 사용되고 있는 항공기를 제작사별을 중심으로 하여 알아보기로 한다.

1. B737

B737-100은 1967년 4월 9일에 2 Engine으로 첫 비행을 시작하여 현재까지도 항공사마다 가장 선호하고 있는 중단거리용 항공기로 대한항공, 아시아나항공, 제주에어와 신규 저가항공사 진 에어, 에어부산 및 한성항공에서도 사용되며 주로 국내선, 한-일 노선 및 한-중 노선 등의 근거리 국제선에 투입되고 있다.

현재 제주항공에서는 2006년부터 취항하던 Bombadier Q400을 B737-800으로 전기종을 통일화하였다.

1967년 12월 28일 최초의 양산기가 루프트한자에 첫 운항되어 1968년 2월 10일 상용서비스를 시작하였다.

B737-900

(1) 항공기 제원

B737-800

구 분	내 용
전장	39.5m
전폭	34.4m
전고	12.5m
순항속도	840km
최고 순항고도	12,496m
최대 항속거리	2,968km
좌석 수	164석
최대 이륙 중량	79,010kg
3개의 Landing Gear	6개의 Wheel

B737-800은 B737-900보다 전폭이 2.6m 짧으나 항속거리가 1,000km가 더 길다.

(2) 구조 및 특징

① 내부 구조는 전형적인 1개 통로에 6열 좌석 배치인 소형기종이다.

② 이 기종은 3종류의 Model이 있다.

B737 100/200이 Original이며, 300, 400, 500은 Classic Model, 600, 700, 800, 900은 LCD화면의 컴퓨터 화면으로 설비된 System의 차세대 버전이다.

③ Engine형태

항공기의 Engine의 높이가 지상과 공간의 여유 부족으로 원형이 아닌 하단이 찌그러진 듯한 모양의 Engine을 가지고 있다.

④ Overwing Window Exit가 있다.

⑤ 2개의 Zone 개념인 FWD와 AFT로 구분한다.

B737-800

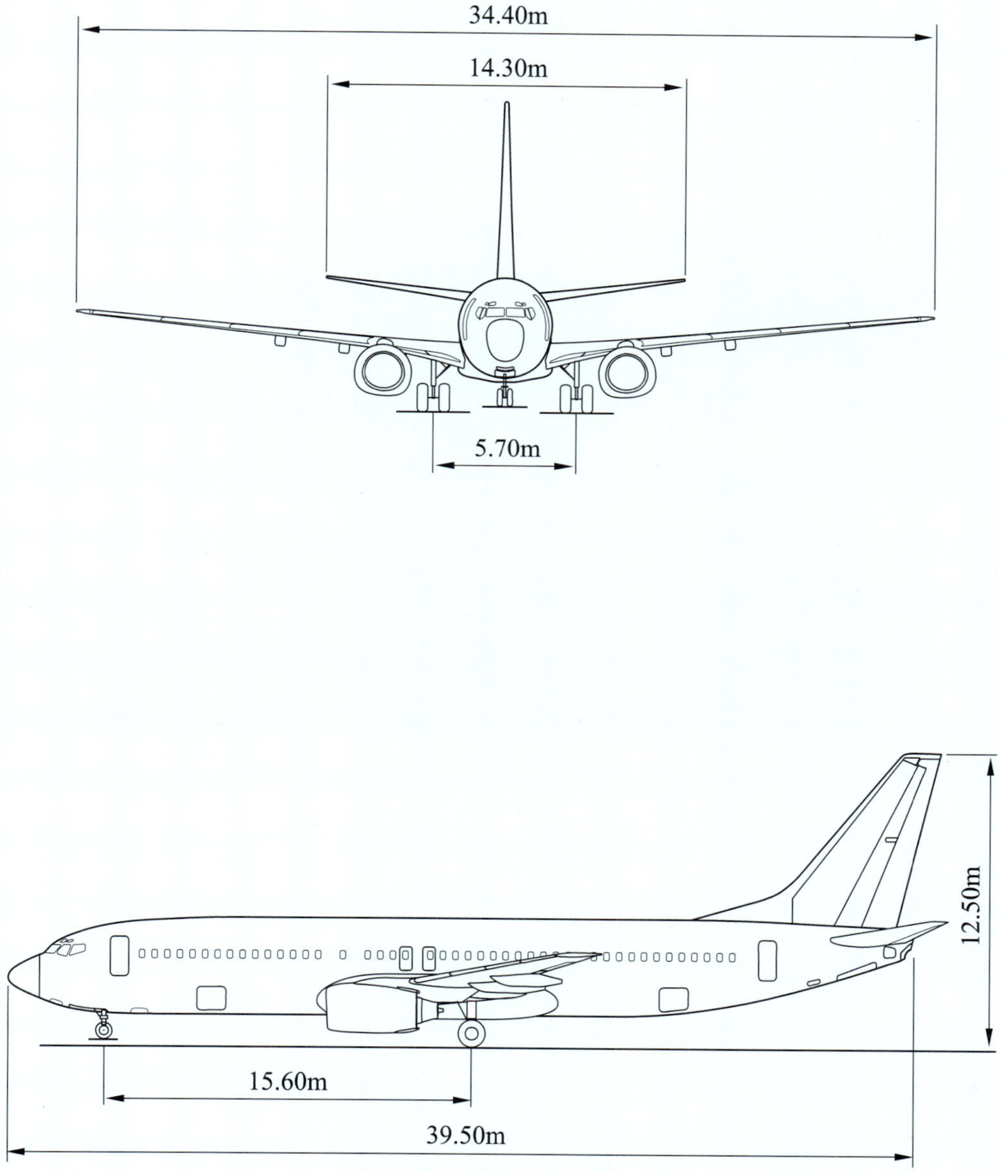

⑥ 2001년 9월 11일 알카에다 테러리스트들에 의해 납치되어 New York 세계무역센터에 자살충돌한 것이 바로 이 기종이다.

⑦ 일부 기종에는 소용돌이 방지로 연료 절감의 효과를 가진 Winglet이 있다.

B737 MAX

① 2011년 개발 착수된 신기종 항공기로 2017년 인도 예정.

② 기존의 Winglet은 Up Grade되어 차세대 Winglet으로 주목받고 있다.

③ 두 갈래로 나뉜 날개 끝단 장치로 날개의 길이를 증가시키며, 소용돌이를 방지시켜 항력의 감소효과를 내는 기존의 Winglet 대비 1.5% 연료효율성을 향상시켰으며

④ Skin-Spar의 복합재 일체형 성형기술 및 고난이도 복합재 제작기술을 요하는 부품으로 우리나라(대한항공)의 기술로 제작되고 있다.

⑤ 기체 결함으로 인한 2건의 추락사고로 2019년 3월 13일 한국 영공 금지. 2019년 12월 16일 기종 생산이 중단되었다.

(3) Door

① Main Door

- 객실의 Door는 전방에 2개, 후방에 2개로 모두 4개의 Main Door가 있다.
- 전방의 Door는 Entry Door라 하며, 후방의 Door는 Galley Service Door라 칭한다.

① Door의 명칭

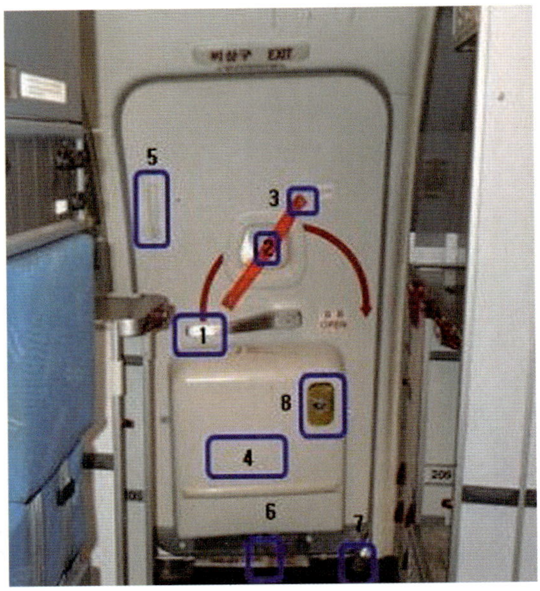

1. Door Handle : Door를 열고 닫기 위한 개폐 손잡이
2. Viewing Window : 외부상황을 볼 수 있는 창
3. Red Warning Flag
4. Evacuation System Container : Slide/Raft가 장착된 하단부
5. Assist Handle : Door를 닫을시 또는 비상시 추락방지용 손잡이
6. Girt Bar : Escape Device를 항공기에 고정시키거나 분리하는데 사용되는 금속막대
7. Floor Brackets : Girt Bar를 거는 고리
8. Slide/Raft Pressure Gage

- 이 Door는 비상시에는 비상구 하단에 있는 막대 모양의 고정쇄인 Girt Bar를 바닥에 설치된 고리를 (Fitting)에 걸고 난 후 개방을 해야만 Slide가 나온다.

② Door 작동법

ⓐ Door Close

- Door Safety Strap이 원위치에 있는지 확인한다.

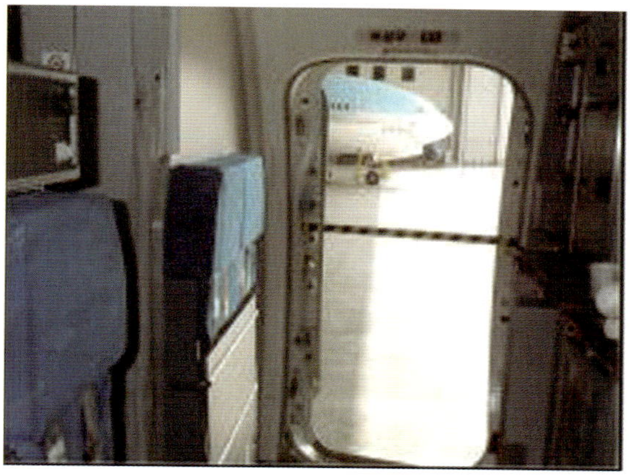

Door Safety Strap

- Gust Lock Release Lever를 올리거나 내린 후 잠김장치를 해제한다.

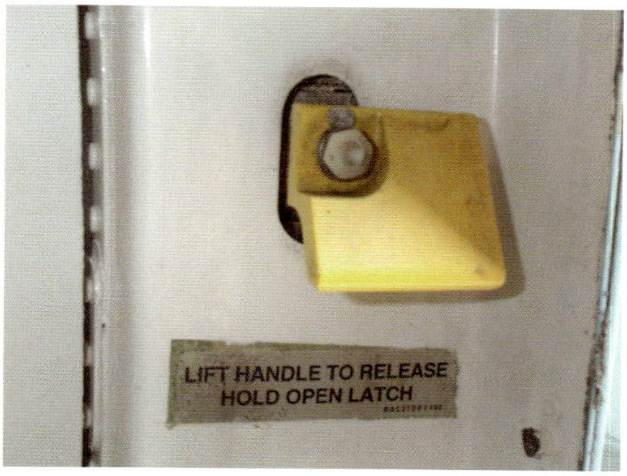

Gust Lock Release Lever

※Gust Lock Release Lever : Door의 Open 상태 유지를 해제하는 장치

- Door를 안쪽으로 당긴다.
- Door Handle을 이용하여 닫힘 표시 쪽으로 돌려 닫는다.
- 항공기 출발 직전에는 비상시를 대비하여 비상구 하단에 있는 막대 모양의 고정쇄인 바닥에 설치된 Floor Brackets라 칭하는 고리에 건다.
  이것이 설치된 후 개방을 해야만 Escape Slide가 나온다.

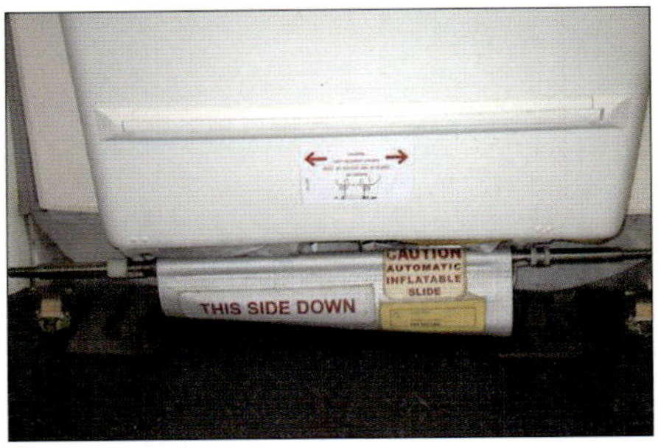

Girt Bar

Floor Brackets

- Door Viewing Window 상단에 있는 Red warning Flag을 떼서 Door Viewing Window 위에 가로지르게 부착시킨다.
- Red Warning Flag를 대각선으로 하여 외부에서 보아도 Window View를 통해 Slide Mode가 팽창 위치에 있는가를 확인할 수 있다.

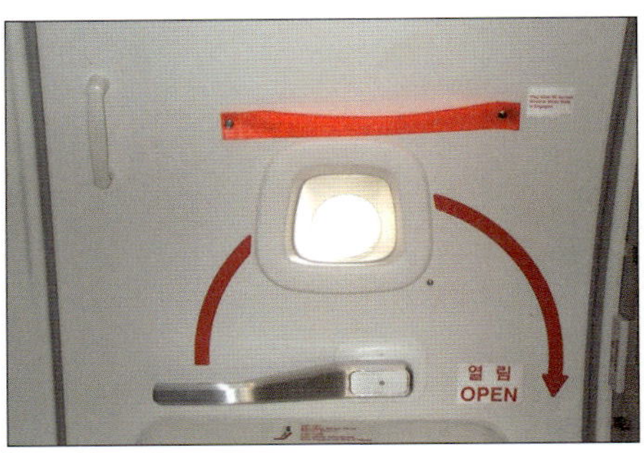

정상위치

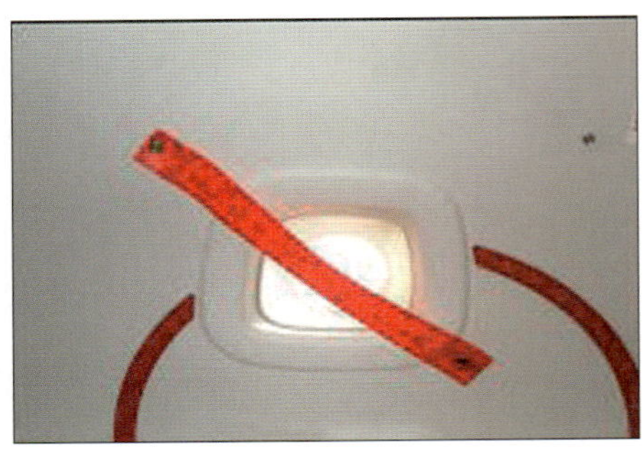

팽창위치

Red Warning Flag

ⓑ DOOR OPEN

- Girt Bar를 바닥에 설치된 Floor Brackets에서 분리한다.
- Door Viewing Window 위에 가로지르고 있는 Red Warning Flag를 원위치시킨다.
- Door Handle을 이용하여 Open 위치에 Locking될 때까지 Door를 밀면서 연다.

② Overwing Window Exit

주날개 위의 동체에 좌 · 우 각각 2개씩 총 4개의 Overwing Window Exit이 장착되어 있어 비상사태시, 객실 중앙에 있는 승객의 긴급 탈출을 위해 탈출구로 사용된다.

- Over wing Exit의 형태는 Canopy Type이므로 Exit의 상단 부위를 축으로 열린다.

  Door 작동을 하면 바깥쪽 위로 자동으로 올라간다.

Overwing Window Exit

(4) Attendant Panel

① FWD Panel

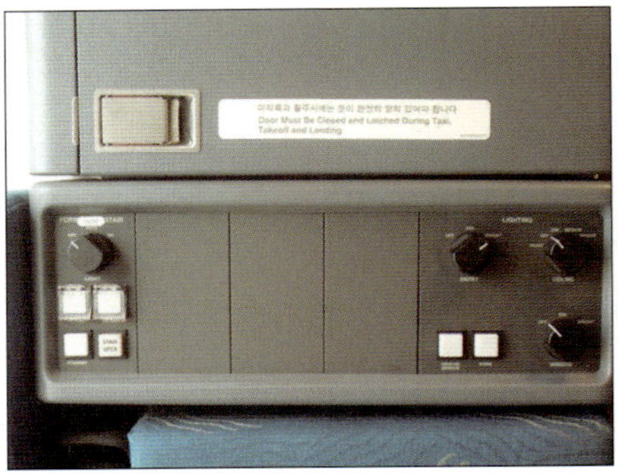

- Cabin Light Control

ⓐ **Ceiling Light :** NIGHT, OFF, DIM, MEDIUM, BRIGHT

Overhead Bin 상단의 천장을 조명한다.

ⓑ **Window Light :** OFF, DIM, BRIGHT

Overhead Bin 하단의 벽면을 조명한다.

ⓒ **Entry Light :** OFF, DIM, BRIGHT

Forward 및 After Door 주변을 조명한다.

- Work Light, Ground Service

- BGM(Boarding Ground Music) System

승객의 탑승 및 하기 시에 음악과 사전에 제작된 각종 PRE Announcement를 제공한다.

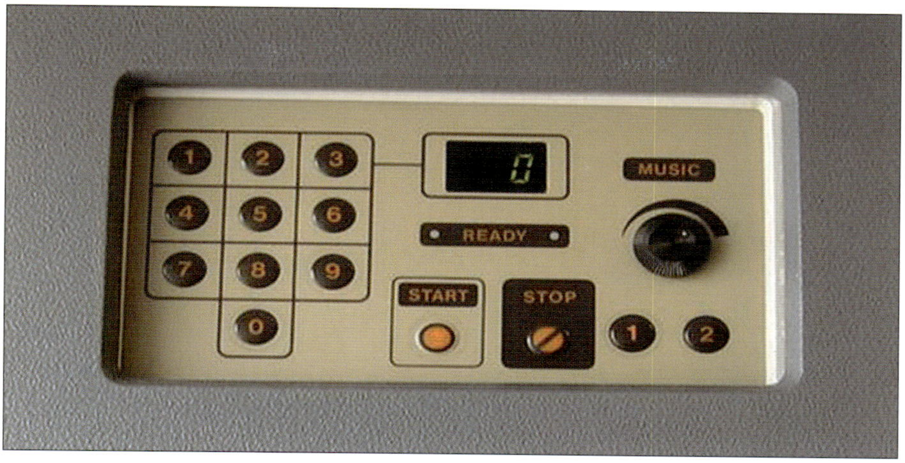

BGM System

② AFT Panel

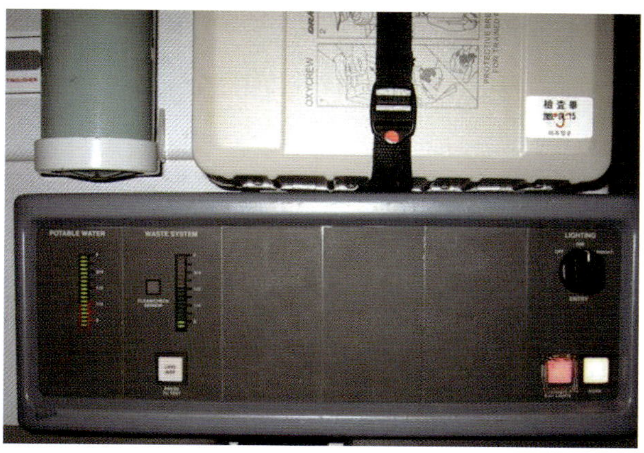

- Entry Light Control
- Potable Water Gauge, Waste Water Gage
- Emergency Light Switch(ELS)
- Work Light

(5) Communication System

Public Address 또는 Passenger Address라고도 하며, 이는 승무원 상호간의 의사 전달 수단으로 Interphone과 방송을 각각 독립적으로 병행하여 사용할 수 있게 되어 있다.

전화기 상태로 조종석과 각 승무원의 좌석, Galley, Bunker 등에 모두 비치되어 있다. 통화 및 방송을 위해서는 고유의 호출번호로서 사용할 수 있다.

① P. A 사용법

- Handset을 꺼낸다.
- Handset에 있는 "8" 번의 Button을 누른다.
- Handset의 PTT(Push To Talk) Button을 누른 상태에서 방송을 실시한다.
- Reset 시키기 위해 Reset Button을 누르거나 Handset을 원위치 시킨다.

② Interphone 사용법

- Handset을 꺼낸다.
- Handset에 있는 Button 중에 연락을 취하고자 하는 지역(Pilot 2, Attendant 5)의 Button을 누른다.
- 종료 후 Handset을 원위치 시킨다.

B737 HANDSET

(6) Oxygen System

B737은 화학반응식 개별공급 시스템이다.

항공기 내 객실 여압이 14.000Ft 이상이 되어 감압현상이 발생하면 산소 Mask가 자동으로 Drop된다.

- 산소 Mask는 머리 위 선반 속에 있으며 객실 전체에 분포되어 있다.
- 승무원 좌석 Jump/Seat 위 : 2개, LAV 내 : 2개가 장착되어 있다.
- 산소 Mask는 2열 당 여분의 Mask가 1개가 추가로 장착되어 있다(유아 동반자).
- 산소 Mask가 Drop되면 Mask를 당겨 Pin이 빠지면서 화학반응으로 산소가 발생하며 공급한다.
- 개별 산소공급 장치로 승객이 직접 가동한다.
- 1분당 약 2L이며 약 15분 사용할 수 있다.
- 한 번 작동된 것은 중단시킬 수 없다.
- 산소 발생기 작동 시 내부 화학반응으로 타는 냄새와 고열이 발생하여 객실 전체가 더워진다.

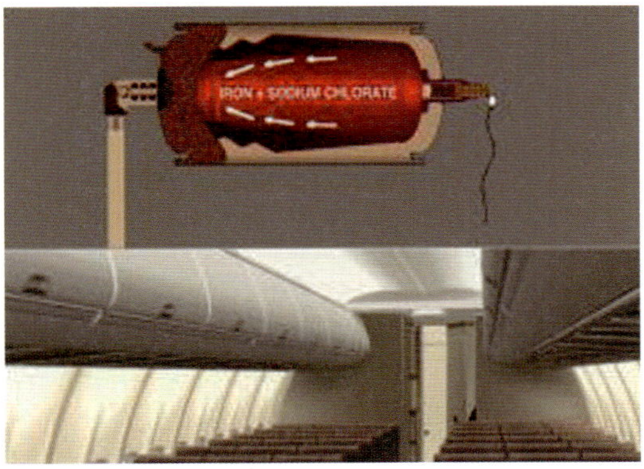

화학반응식 개별 산소공급 시스템

2. B747

B747은 1970년 1월 21일 Pan Am에서 최첨단의 설비와 최초의 4 Engine을 장착하여 비행능력 면에서 우수한 장거리용 초대형기 'JUMBO' 라는 칭호와 함께 첫 운항을 시작하면서 항공역사를 기록하게 되었다.

현재 대부분의 항공사가 장거리 노선에 B747 기종 투입으로 약 1,000여대가 전 세계의 하늘을 날고 있는 실정이다. 하지만 A380의 출현으로 초대형기의 칭호에서 물러나게 되었다.

(1) 항공기 제원

B747-400

구 분	내 용
전장	70.7m
전폭	64.92m
전고	19.41m
순항속도	915km
최고 순항고도	13,747m
최대 항속거리	13,585km
좌석 수	384석
최대 이륙 중량	412,800kg
5개의 Landing Gear	18개의 Wheel

(2) 구조 및 특징

① 내부 구조는 Main Deck과 A, B Zone 크기로, 위쪽으로 Upper Deck이 있으며 계단으로 연결되어 있다.

이 기종은 여러 종류의 Model이 있다. B747 100/200/300/400 시리즈로 총 12개의 변형된 모양으로 운항되고 있었으며, 일반석으로 운항시 최고 600여 명을 탑승할 수 있는 최대의 공간을 지닌 그야말로 Jumbo 여객기인 것이다.

B747-200의 모양에서 뒤쪽의 한 개 Zone이 적은 모양의 B747 SP 항공기의 출현도 있었다.

1988년 1월 B747-400의 탄생으로 기존의 B747 기종과 차별화가 되었는데, 무엇보다도 객실과 조종실의 인테리어 변화, 컴퓨터 시스템의 변화로 조종실의 2인 근무형태, 항속거리가 증가되었다.

② 보편적으로 Main Deck은 5개의 Zone(A, B, C, D, E)으로 구분되며 통상 A Zone은 FR/CL로 운영된다.

B747 SP

B747-400

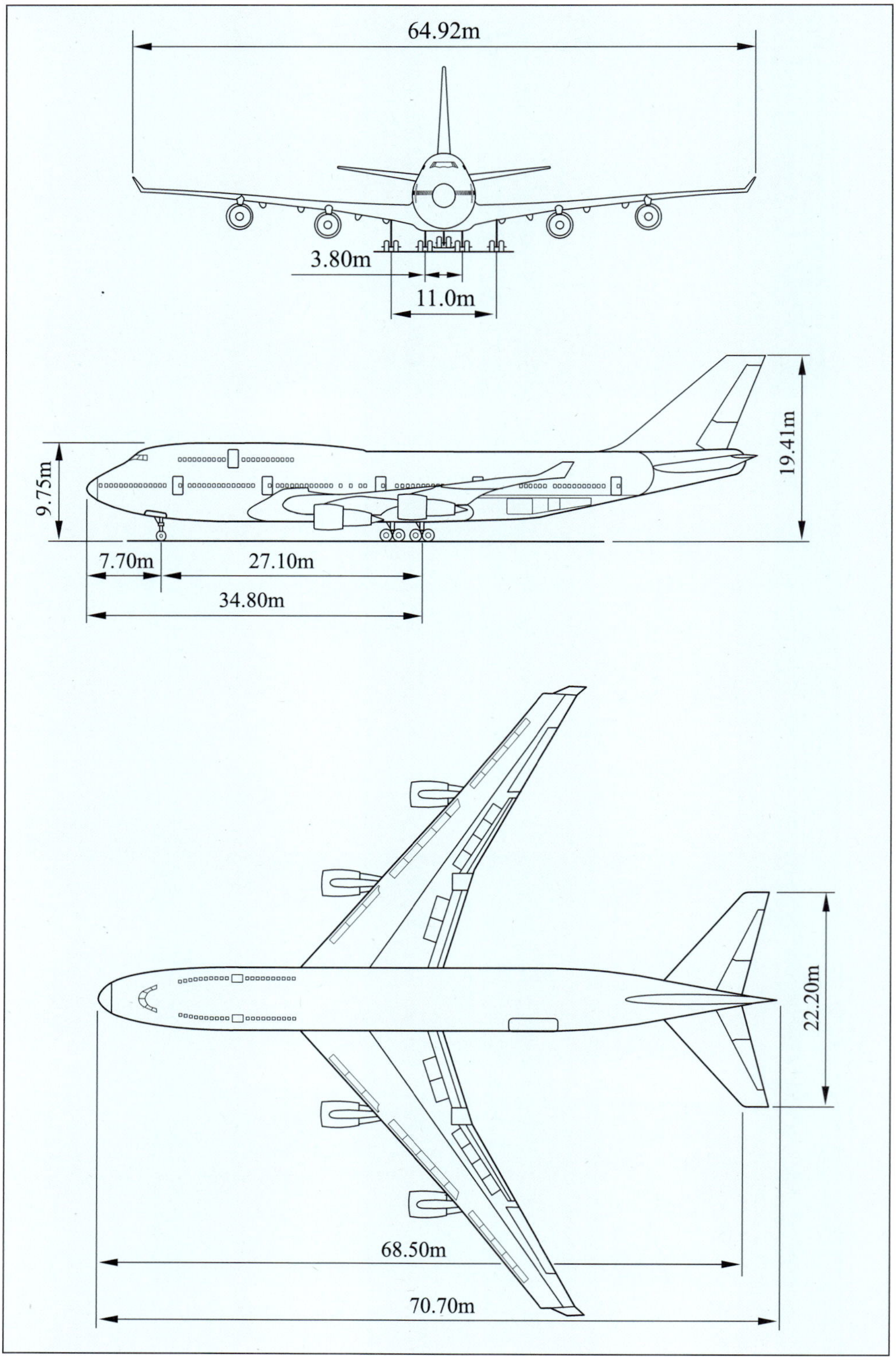

64.92m
3.80m
11.0m
9.75m
19.41m
7.70m
27.10m
34.80m
22.20m
68.50m
70.70m

Winglet

③ B747-400의 주날개 끝에 Winglet이 부착되어 공기저항을 가져오는 소용돌이 현상을 감소시켜 비행성능을 향상시켜 주는 역할을 한다.

(3) Door

① Door의 구조

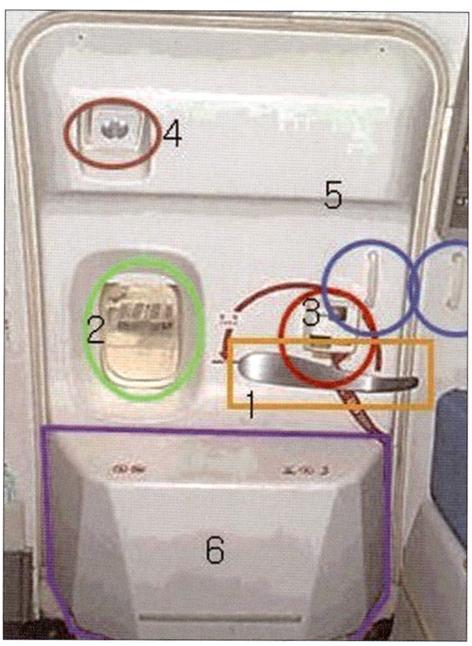

1. Door Handle
2. Viewing Window
3. Arming Lever
4. Emergency Light
5. Assist Handle
6. Evacuation System Container

② Main Door

- B747-400인 경우 비상구가 Main Deck에는 좌 · 우로 5개씩 모두 10개가 있으며, 항공기 객실 전방의 A, B Zone 위쪽으로 Cockpit의 공간을 제외한 크기의 Upper Deck Zone이 있으며, 여기에 좌 · 우 1개씩 2개의 비상구로 총 12개가 있다.
- Door의 순서는 숫자를 붙여 좌측은 L1에서 L5, 우측은 R1에서 R5라고 칭한다.
- 모든 Door에는 Slide/Raft가 장착되어 있어 비상 착륙, 비상 착수시에 모두 사용할 수 있다.

③ L3, R3 Door

- L3, R3, Upper Deck Door는 Slide 기능만 있으므로 비상 착수시 사용을 지양한다.
- L3, R3 Door는 항공기 주날개 위에 위치하고 있어 1차로 Main Wing까지 연결하는 Overwing Slide와 2차로 지상으로 'L' 자 모양으로 연결되는 Ramp Slide로 되어 있다. 다른 Door는 지상으로 일자형 방향으로 되어 있다.
- 비상 탈출시에는 Overwing Slide를 복도와 같이 걸어와서 Ramp Slide를 미끄럼을 타고 내려오면 된다.

④ Upper Deck Door

- Upper Deck Zone에는 비상구가 있으나 비상시 또는 정비목적으로만 사용한다.

Upper Deck Door

⑤ Door Slide Mode

- **비상시**

모든 항공기의 Door를 Open하기 전에 외부상황을 확인하고 Door Slide Mode를 팽창위치에 놓고 개방하여야 한다.

이때 Door는 자동적으로 열리며 Slide는 팽창하게 된다.

– 팽창위치(Automatic position 또는 Armed position)

- **정상시**

Door Slide Mode가 정상위치에 있는가를 확인한 후 Gust Lock 될 때까지 밖으로 민다.

– 정상위치(Manual position 또는 Disarmed position)

Door Slide Mode

(4) Attendant Panel

모든 Door 옆에는 Attendant Panel이 있으며 승객을 위해 제공되는 서비스를 위한 Panel은 주로 L2와 R2 Door Panel에서 주관한다.

① Cabin Control Panel

ⓐ L2 Door Panel : Cabin Service Module(CSM)

- **기능**

-Cabin Light(기내 조명)

㉠Cabin의 전체 또는 특정 Zone 선택 조절기능

(LCD 화면으로 Zone이 Display 된다)

㉡Night, Low, Medium, High의 밝기 4단계

-Reading Light Control(독서등)

On : 모든 독서등이 켜진다.

Normal : 승객이 좌석에서 Control 한다.

Off : 모든 독서등이 꺼진다.

-Attendant Call Control(승무원 호출)

On : 모든 Call Light가 켜진다.

Off : 모든 Call Light가 꺼진다.

-Evacuation Command Switch

Evacuation Command Switch를 누르면 전 Station에 Evacuation Horn이 울린다.

- Horn Shut Off Switch

Horn Shut Off Switch를 누르면 Evacuation Horn을 Reset 할 수 있다.

이는 L4 Station에도 있다.

- Emergency Light Switch

㉠ Emergency Light는 출구의 방향을 알려주고 항공기 내 · 외부에 탈출이 용이하도록 통로를 조명한다.

㉡ Light 점등은 내부는 Door, Aisle, Path, Exit Light 그리고 Exit Sign이며, 외부는 각 Door의 Slide/Raft와 Overwing Escape Path의 탈출경로를 비추어 준다.

㉢ 항공기가 정전이 되면 자동적으로 작동하며, 비상발생시 Emergency Light Switch에 의해 수동적으로는 약 15분간 작동한다.

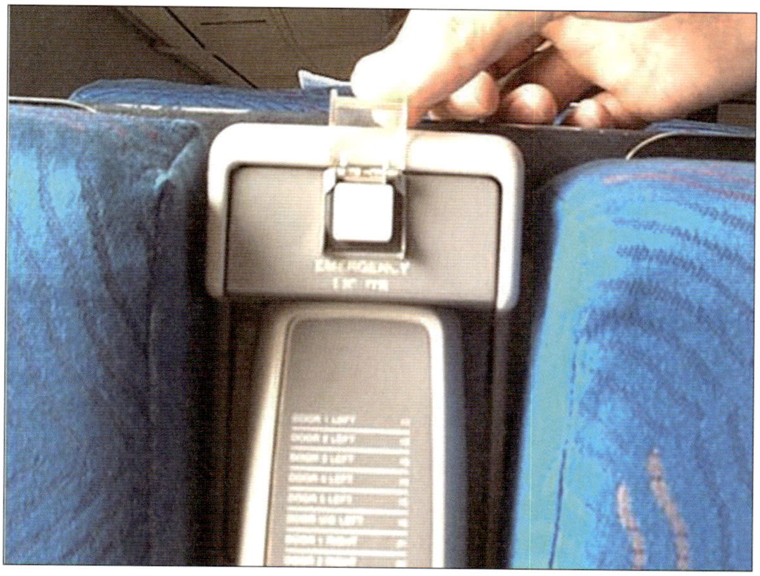

ELS Switch

- 기타

Chime Control, 승무원 좌석 Light(Work Light), 문을 비추어 주는 Threshold Light 등이 있다.

L2 PANEL

ⓑ R2 Door Panel : Cabin Configuration Module(CCM)

- **기능**
  - Temperature Control(객실 온도를 ZONE별 선택 가능)
  - Light/Chime
  - Lavatory Operation System(화장실의 이상 유무를 점검)
  - Water Quantity Indicator(물의 잔량 Check)

R2 PANEL

Upper Deck Galley Panel

ⓒ Upper Deck Galley Panel

● **기능**

- Lighting Control
- Reading Light Control
- Attendant Call Control
- Passenger Entertainment Control

ⓓ VCC(Video Control Center) Panel

● **위치** : L2 Station

● **기능** : - Video Control

- Airshow Control

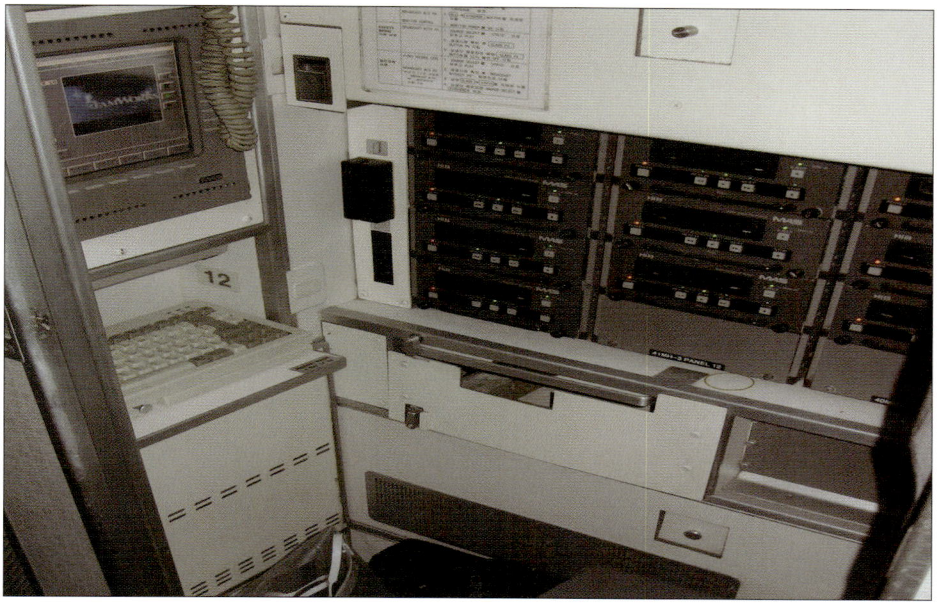

② Pre-recorded Announcement Control Box

- Passenger Entertainment Control(기내음악) : ON, OFF
- Boarding Music
- Announcement(안내방송)

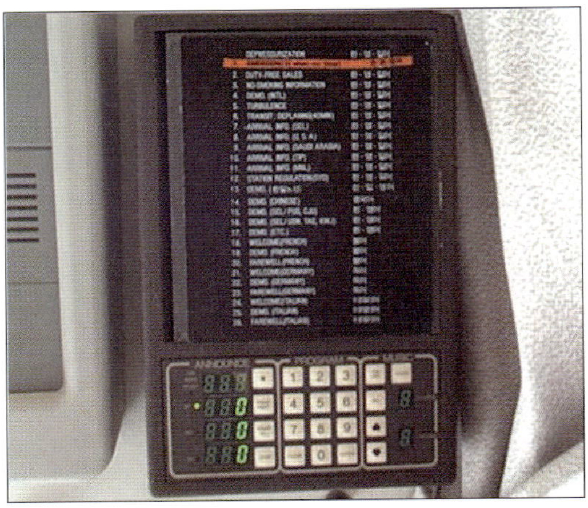

(5) Communication System

Handset로 방송과 Interphone이 가능하며, 각 Station에 있으며 C Zone, Upper Deck Galley 및 Bunk에 장착되어 있다.

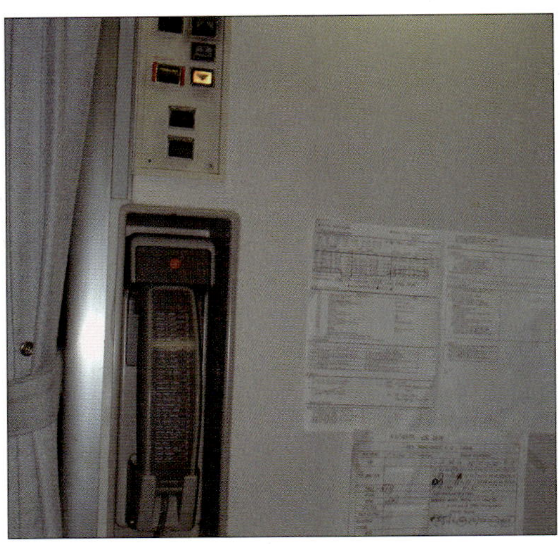

C Zone Galley

① P. A System

- 각 Station별로 2자리의 고유의 Code 번호가 있으며, Handset 외부에 기재되어 있다.
- PTT 방식이다.
- L4 Station에서는 Jump Seat 상단에 "Direct Access Switch"를 누르면 별도의 P. A Code를 선택하지 않아도 객실 전체 방송이 가능하다.

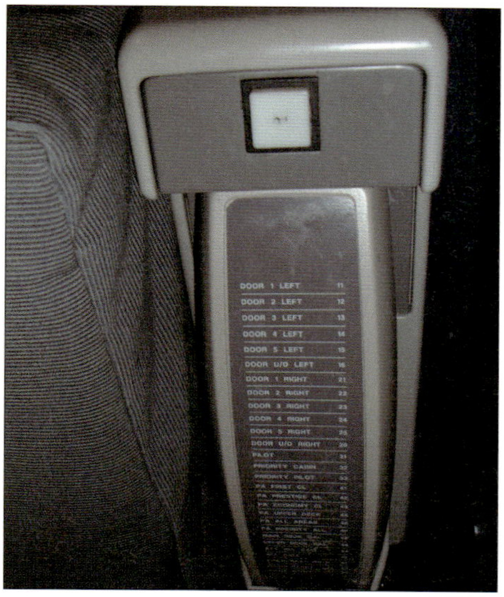

② Passenger Call System

모든 항공기에는 다음과 같은 Call System으로 되어 있다.

기종별로 Display 되는 Call Light의 Color는 상이하다.

- Passenger Call : Blue Light
- Attendant Call : Pink Light
- Lavatory Call : Yellow Light

(6) Oxygen System

B747은 Tank식의 중앙 산소공급 시스템이다.

- 저장된 산소 Tank로부터 공급받는다.
- 산소마스크가 Drop 되면 그대로 착용
- 1분당 약 2L가 공급된다.
- 산소 마스크가 떨어지면 자동으로 산소가 공급되며 불필요시 Cockpit에서 Off시킨다.

3. B777

B777은 1994년 광동체형의 쌍발 제트여객기로서는 처음으로 세계에서 가장 큰 여객기로 장거리용으로 북태평양 해양과 사막을 통과할 수 있는 인증을 받게 되었다. 또한 2개의 Engine에 의한 경제성이 탁월하며 유지비 또한 절감할 수 있다.

대한항공에서는 B777-200과 B777-300을 보유하고 있다.

B777-300

(1) 항공기 제원

B777-300

구 분	내 용
전장	73.86m
전폭	60.93m
전고	18.44m
순항속도	905km
최고 순항고도	11,095m
최대 항속거리	11,029km
좌석 수	376석
최대 이륙 중량	299,380kg
3개의 Landing Gear	14개의 Wheel

(2) 구조 및 특징

① 이 기종은 2가지의 Model이 있다.

B777-200과 B777-300이 있는데, 300시리즈는 한 Zone 크기 만큼 길어, 좌 · 우에 Door가 2개 더 있다.

② B777 기종에는 레이키드 윙팁이 부착되어 있다.

③ Landing Gear에 Wheel이 기존에 4개씩이 아닌 6개로 구성되어 있다.

이는 활주시에 항공기의 중량을 효율적으로 분산시키는 장점을 가지고 있기 때문이다.

B777-200

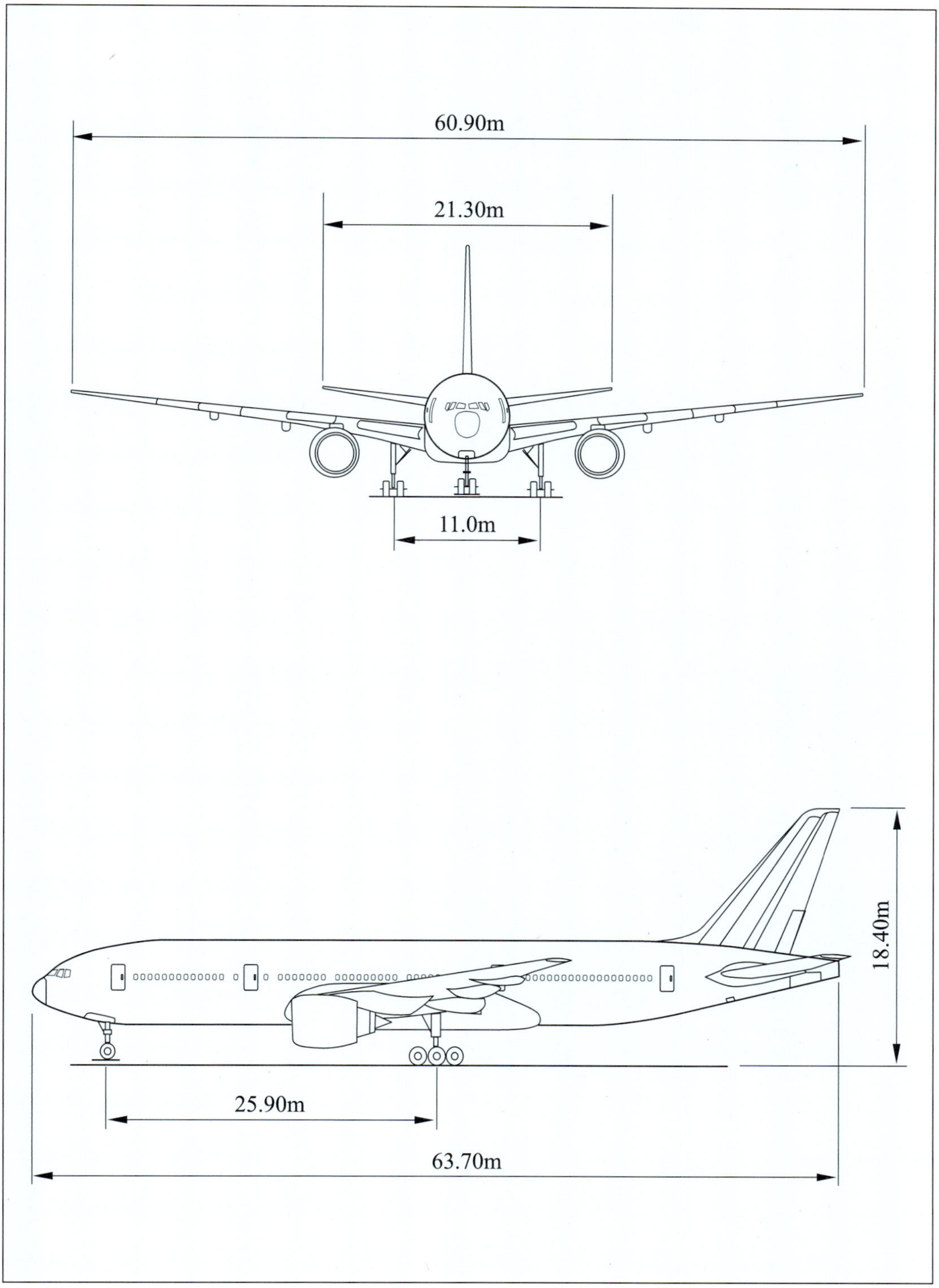

(3) Door

- B777-200인 경우 비상구가 좌 · 우로 4개씩 모두 8개가 있으며, B777-300은 비상구가 좌 · 우로 5개씩 모두 10개가 있다.
- Door Slide Mode Lever가 B747과는 상이하다.
- 전부가 Slide/Raft 겸용으로 Dual Lane으로 되어 있다.
- NO2 Door의 Slide/Raft는 Engine으로부터 안전거리 확보를 위해 앞쪽으로 기울어져 있고, 이와 대비하여 NO3 Door의 Slide/Raft는 후방으로 기울어져 있는 것이 특징이다.

① Door 구조

1. Door Handle

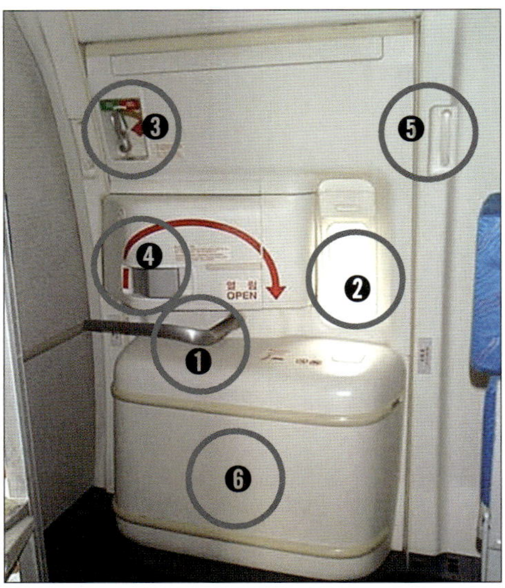

2. Viewing Window
3. Arming Lever
4. Gust Rock Release Lever
5. Assist Handle
6. Evacuation System Container

② Door Slide Mode 변경

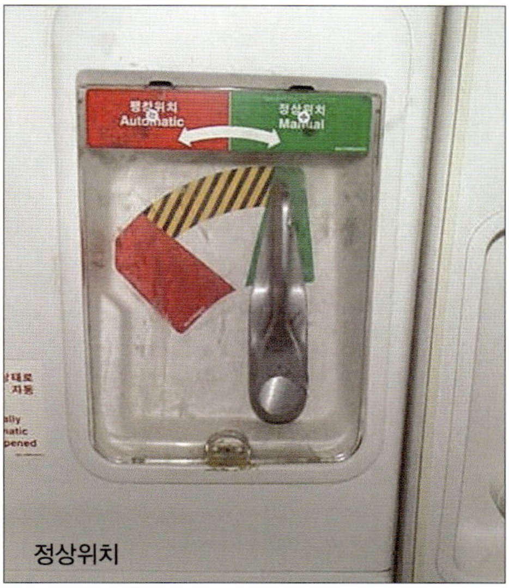

정상위치

(4) Attendant Panel

CMS(Cabin Management System)으로 되어 있다.

이는 객실종합통제시스템이라 하며, 기내 설비 및 모든 편의시설 등을 일괄적으로 이곳에서 관리 제어하는 System으로 3개의 Main Menu로 구성되어 있고 Touch Screen 방식으로 되어 있다.

① CSCP(Cabin System Control Panel)

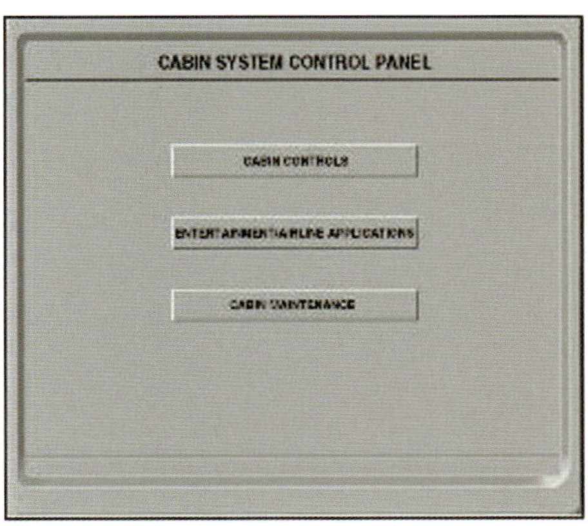

CMS를 ON시키면 Cabin System Control Panel에 3가지는 대표적 기능이 나온다.

CSCP

ⓐ Cabin Controls Main Menu 기능

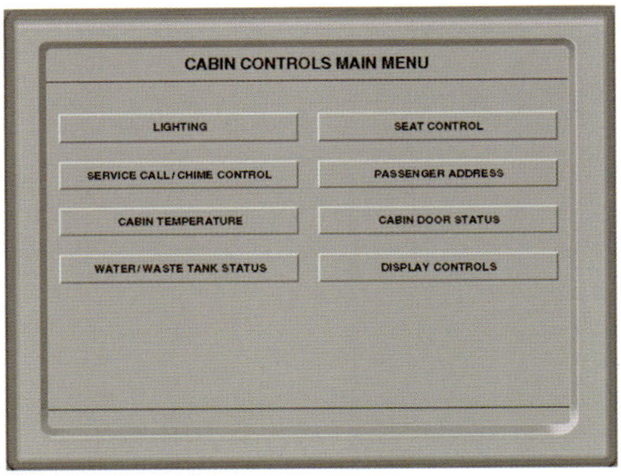

CCMM

1가지 Menu Check 후에는 좌측 상단에 있는 Previous의 Button을 누르면 Main Menu가 나온다.

㉠ 객실 조명의 조절

- Cabin의 전체 또는 특정 Zone 선택 조절 기능
- High, Medium, Low, Off의 밝기 4단계

㉡ Service Call / Chime Control(화장실 및 승객의 호출 시 승객의 위치를 표시)

㉢ 객실 온도를 Zone 별로 조절

㉣ Water / Waste Tank Status

㉤ PA의 볼륨 Zone 별로 조절

㉥ 승객 좌석의 Audio/Video System 조절

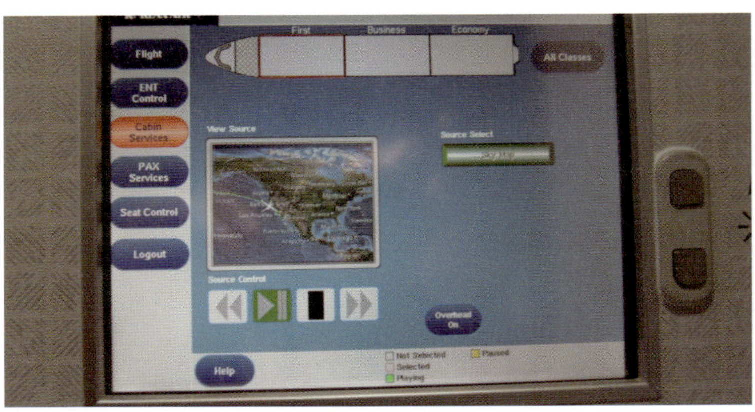

ⓢ Cabin Door Status을 Color별 확인 가능

Cabin Management System의 Cabin Door Status를 누르면 Screen에 전체 Door 8개의 상태가 그림으로 나타나게 된다(Open : Red, Close : Green).

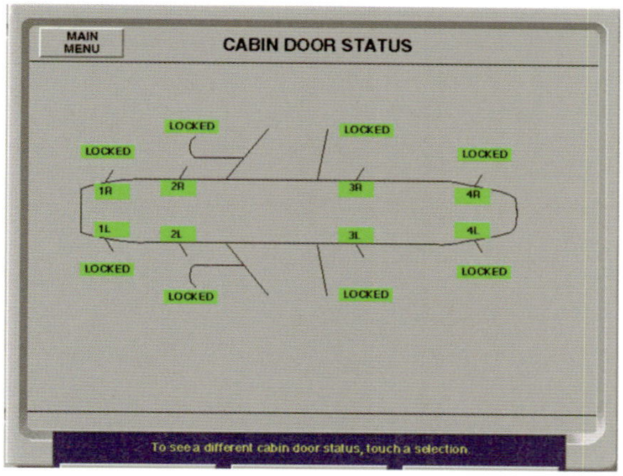

Screen에 8개의 Door의 상태

ⓞ Display Control

Panel의 밝기 조절

ⓑ Entertainment / Airline Application

㉠ Pre-Recorded Announcement

㉡ Video

㉢ Boarding Music

ⓒ Cabin Maintenance

정비사가 담당한다.

② ASP(Attendant Switch Panel)

- 비상탈출 시 탈출 신호를 제공하는 Evacuation Command(EVAC)
- 탈출음을 Reset하는 Horn Shut Off
- 탈출음 발신시에 빨간색의 등이 점멸한다.
- Door의 Slide Mode가 표시된다.
- Auto/Manual로 표시, 만약 불일치에는 Light는 Off된다.
- 30초간 비상등 작동점검의 ELS Test Switch
- 비상등 작동의 ELS Switch

③ VCC(Video Control Center) Panel

- 위치 : Cockpit 출입 통로
- 기능

- Video Control
- Airshow Control
- Prerecorded Announcement
- Boarding Music

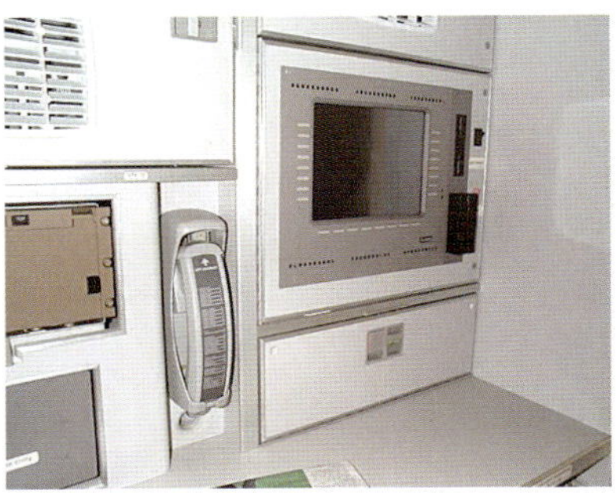
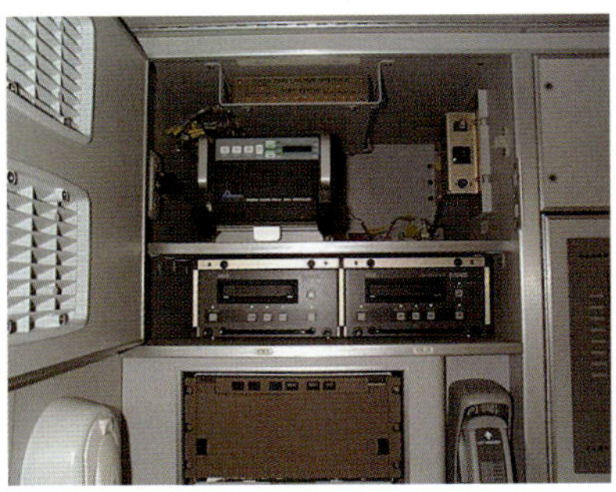

(5) Communications System

Handset로 타기종과 같이 P. A System과 Interphone을 병행하는 기능은 같다. 특징적인 것은 비상사태 발생시 우선적으로 기장에게 Call 할 수 있다.

(6) Oxygen System

B777은 화학반응식 개별공급 시스템이다.

4. B787

B787은 2003년부터 B7E7의 명칭으로 개발을 시작하여 2 Jet Engine으로 꿈의 여객기(Dream Liner)라는 애칭을 가진 차세대 항공기로서 현재까지 나온 항공기 중 가장 뛰어난 최상의 기술력과 효율성을 가진 항공기로 개발되어 곧 상용화 될 예정이다.

대한항공에서도 10대를 주문하여 놓은 상태이며, 아시아나항공도 이를 선정할 예정으로 있다. 여기에서의 "E"는 Efficient(효율성), Economic(경제성), Enviornment(친환경성)을 의미한다.

B787은 알루미늄보다 가볍고 강한 탄소 복합 소재를 사용하여 항공기의 무게 감소 및 외부 Design의 다양성으로 연료 효율성이 타 기종에 비해 20% 가량 높아 경제성이 탁월하여 많은 항공사들이 필요로 하고 있는 실정이다. 또한 종전에서는 기체부식으로 항공기 내 가습장치가 불가능하였으나 동기종은 가능한 것 등이 큰 장점이다.

B787

(1) 항공기 제원

B787-3 B787-8 B787-9

구 분	B787-3	B787-8	B787-9
전장	57m	60m	63m
전폭	52m	60m	63m
전고	17m	17m	17m
순항 속도	850km	850km	850km
최고 순항 고도	13,000m	13,000m	13,000m
항속 거리	4650~5650km	14,200~15,200km	14,800~5,750km
최대 이륙 중량	165,100kg	219,540kg	244,940kg
Landing Gear*	10개의 Wheel	10개의 Wheel	10개의 Wheel
좌석 수	290~330석	210~250석	250~290석
객실너비	5m 74cm	5m 74cm	5m 74cm

* Nose Gear = 2, Main Landing Gear = 좌·우 각 4개(총 8개) = Total 10개

(2) 구조 및 특징

① 이 기종은 3가지의 Model이 있다.

B787-3, B787-8, B787-9 시리즈 3종류가 있다.

B787-8은 2008년에, 다른 2종류는 2010년에 상용화되었으며, B787-3은 B787-8보다 다소 전폭은 짧고 최대 이륙 중량이 적다.

B787-9는 전장, 전폭이 크다.

② 객실의 창문이 기존 항공기보다 커서 넓은 시야를 확보한다(27×48cm).

③ 객실의 창문이 27cm×47cm로 확대되어 있으며 넓은 시야를 확보하고 있다. LCD형태로 5단계 자동 조명 조절장치로 햇빛 가리개가 필요하지 않다. 이를 Auto Dimming System이라 하며 승객의 좌석에 부착되어 있는 Digital 조절 Button을 이용하여 개인적으로 또는 승무원이 일괄적으로 조절할 수 있다. 밝기 조절을 원하는 경우 유리와 유리 사이의 미세한 두께 젤이 있어 가하는 전류세기에 따라 화학반응이 일어나 어둡게 만들 수 있는 원리이다.

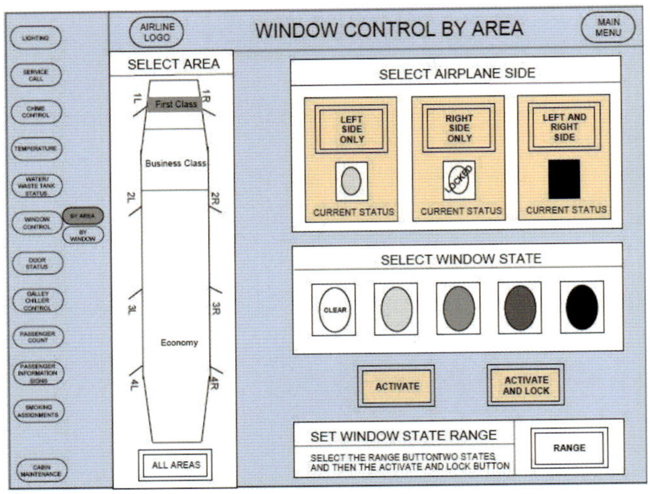

④ 부식을 막는 강한 소재로 기내 습도 조건이 좋으며, 기내 내부 압력도 낮아 여행의 피로감을 줄여 쾌적하고 안락한 여행을 할 수 있다.

⑤ 항공기 엔진 제작사인 제너럴 엘렉트릭(General Eletric)사 및 롤스로이스(Rolls Royce)사의 Engine을 상호 호환하여 사용할 수 있다.

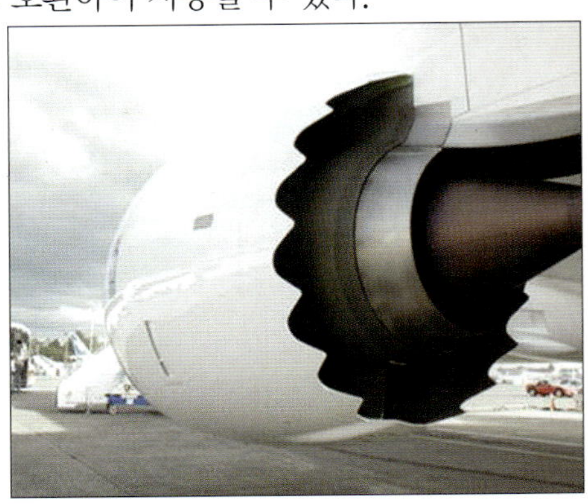

⑥ 이·착륙 시에 항공기의 소음 레벨을 최소로 줄이기 위해 저감기술을 연구 개발한 것으로 최근의 소음저감기술 중 하나이다. 상업용 항공기 제트엔진에 변화를 주고 있는 것 중 하나는 Jet Engine 맨 끝단 Nozzle에 바로

"V"자 형태의 톱니 모양 패턴으로 디자인된 세브론 노즐(Chevrons Nozzle)로 소음방지 설계가 되어 있다. 또한 배기 Gas를 줄이면서 연료효율을 높이는 기술도 개발하였다.

⑦ 구부러진 형태로 주날개가 되어 있다.

⑧ 인체공학적 설계로의 안정감 있는 좌석 형태이다.

⑨ 객실 조명을 형광등이 아닌 발광 다이오드인 LED 조명장치를 사용하고 있다.

⑩ 개인 휴대폰의 사용 가능

항공기 내에 지상에서와 같이 동일하게 사용할 수 있도록 최고의 광범위한 기술 시스템.

⑪ Wireless System(무선장치)

- Wireless Emergency Lighting
- Crew Information System
- Wireless In-Flight Entertainment
- Sensor Monitering System
- Wireless Cabin Service

(3) Door

- B777과 작동법, 구조 및 Door Slide Mode Lever가 같다.
- 비상구가 좌 · 우로 4개씩 모두 8개가 있다.

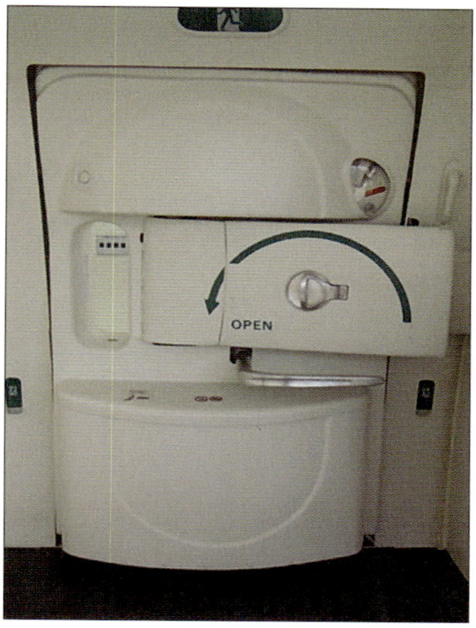

B 787 DOOR

(4) Attendant Panel

CIS(Cabin Information System)으로 칭하며 B777의 CMS와 같은 형태로 Wireness(무선) System이나 Touch Screen 방식으로 되어 있다.

이는 기내 설비 및 모든 편의시설 등을 일괄적으로 이곳에서 관리 제어하는 System은 동일하나 B777과 달리 종전의 화면으로 뒤돌아 갈 필요 없이 좌측에 기능 구성이 Display되어 있다.

① Cabin Service System

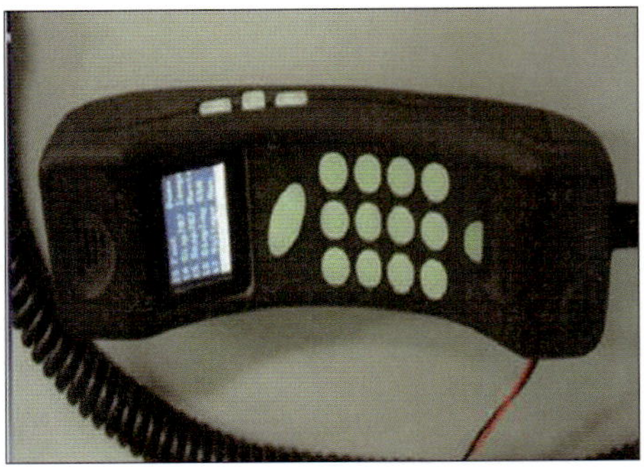

- Passenger Address
- Cabin Interphone
- Cabin Lighting
- Passenger Service
- Information Signs
- Lavatory / Galley Control
- Cabin Staus

② In-Flight Entertainment System

- Wireless Audio/Video to Seats
  승객 좌석의 Audio/Video System 조절
- Overhead Video
- Cabin Printer
- Crew Rest Audio/Video
- Passenger
- Live TV

③ Cellphone System

승객의 편의 도모를 위해 Cellphone 사용시에 발생하는 전파방해, 혼선 등의 모든 문제점 제거를 위해 다양한 기술과 광범위한 실험을 통해 지상에서와 같은 송 · 수신이 가능토록 Integrated Control Panel을 설치하여 Cellphone System 도입

④ Main Menu Screen

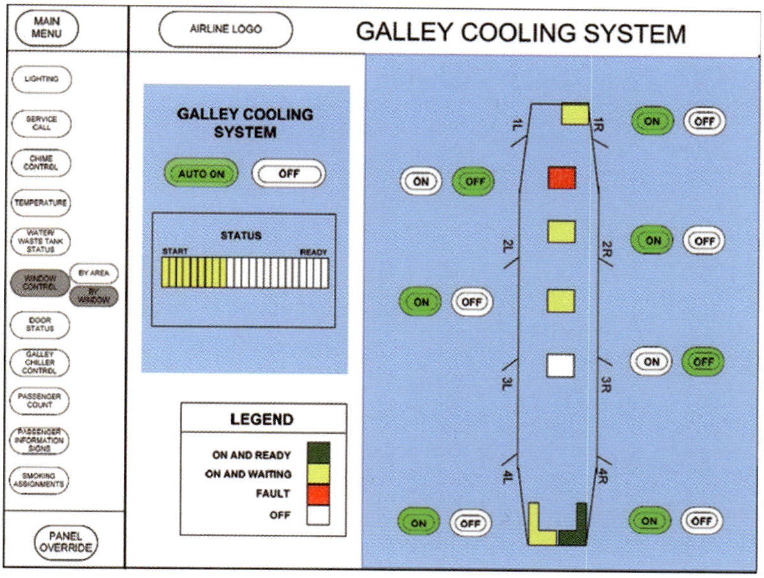

ⓐ 기능

Main Menu 기능에는 다음과 같다.

㉠ Cabin Light : 객실 조명의 조절

㉡ Service Call

㉢ Chime Control

㉣ Temperature : 객실 온도를 Zone 별로 조절

㉤ Water / Waste Tank Status

㉥ Window Control P. A의 볼륨 Zone 별로 조절

㉦ Cabin Door Status 확인 가능

㉧ Gallery Chiller Control

㉨ Passenger Count

㉩ Passenger Information Sign

㉪ Smoking Assignments

(5) Communications System

Handset로 타 기종과 같이 P. A System과 Interphone을 병행하는 기능은 같다. 무선의 Handset로 Interphone 기능을 가지고 있다.

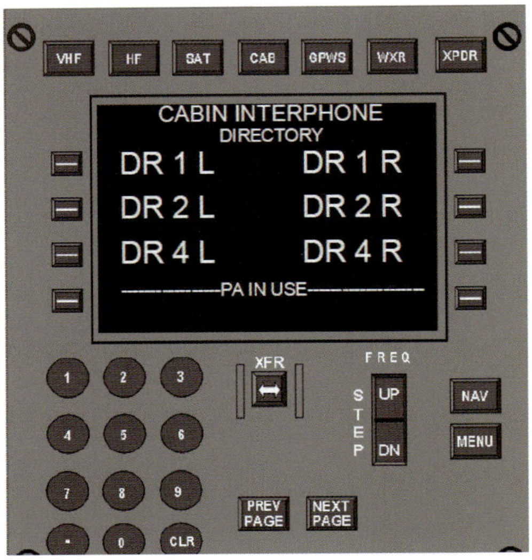

Cabin Interphone Panel

5. B707

B707은 1950년에 종전의 프로펠러기에서 B707 제작으로 최초의 4Jet Engine의 항공기이다.

당시 프로펠러기와 속도 및 여행의 안락도와 비교되어 많은 호응을 받았다.

Pan Am에서 첫 운항되어 생산 종료된 1991년까지 총 1,010대를 생산하였다.

현재는 단종된 상태이나, 이 기종은 세계의 많은 나라에서 아직도 일부 사용되고 있을 뿐만 아니라 현재까지도 미국, 프랑스 등의 군용으로도 개수되어 조기 경보기, 공중 급유기로 사용되고 있다.

B707

(1) 항공기 제원

B707

구 분	내 용
전장	46.61m
전폭	44.42m
전고	12.93m
순항속도	972km
최고 순항고도	11,000m
최대 항속거리	6,920km
좌석 수	150석
최대 이륙 중량	151,320kg

(2) 구조 및 특징

① 1980년대까지 미국 대통령의 전용기 Air Force-1도 이 기종이었다.

② 1987년 11월 29일 북한공작원이 항공기에 설치한 폭탄으로 추락했던 대한항공 858편 여객기가 B707 기종이었다.

6. B727

B727은 B707의 후속으로 1963년 2월 9일 첫 비행을 하고 종래 프로펠러기가 주류를 이루고 있던 중 · 단거리 노선에도 제트기를 도입하려는 움직임이 일어나면서 3 Jet Engine으로 개발된 것이 B727이다.

1964년 2월 최초로 유나이티드항공에 의하여 상업화되며, 승무원과 승객 모두로부터 호응을 받았다.

B727은 1984년까지 생산을 하며 총 1,832대를 생산하였다.

B727

(1) 항공기 제원

B727

구 분	내 용
전장	46.69m
전폭	32.91m
전고	10.36m
순항속도	965km
최고 순항고도	12,200m
최대 항속거리	4,020km
좌석 수	180석
최대 이륙 중량	95,030kg

(2) 구조 및 특징

① 3Jet Engine의 항공기로 엔진은 동체 후방에 장착되어 있다.

② 어떤 상업용 항공기보다 짧은 활주로의 공항에서 저속, 단거리 이 · 착륙이 가능하다.

③ 동체 후방에 설계된 Stairway(탑승계단)가 있다.

7. A300-600

A300-600은 1972년 10월 28일 프랑스를 중심으로 영국, 독일, 스페인이 합작 · 생산하게 된 중 · 단거리용 항공기 A300이 탄생하였다. 당시 중형기로서 2 Jet Engine으로 기체에 대한 안정성에 대해 신뢰감을 주지 못해 일부 유럽 항공사에서만 주문하여 서유럽 지역에서만 주로 운항되었다. 대한항공에서는 1975년 유럽을 제외한 타국에서 최초로 A300B4를 도입하여 동남아 노선에 투입하여 성공적으로 운항하게 되면서 다른 국가의 항공사에서도 이를 구매하는 곳이 증가하여 경영상의 위기를 극복할 수 있었다. 현재 국내에서는 운항하고 있지 않다.

A300-600

(1) 항공기 제원

A300-600

구 분	내 용
전장	54.08m
전폭	44.84m
전고	16.53m
순항속도	860km
최고 순항고도	12,192m
최대 항속거리	688.4km
좌석 수	280석
최대 이륙 중량	165,000kg
3개의 Landing Gear	10개의 Wheel

(2) 구조 및 특징

① 이 기종은 2종류의 Class로 운영되고 있다.

② 2개의 Aisle로 8개의 Seat로 배열되어 있다.

③ 주날개 끝에 삼각형의 Wing Tip Fence가 부착되어, Winglet의 역할과 같이 공기저항을 가져오는 소용돌이 현상을 감소시키는 역할을 한다.

(3) Door

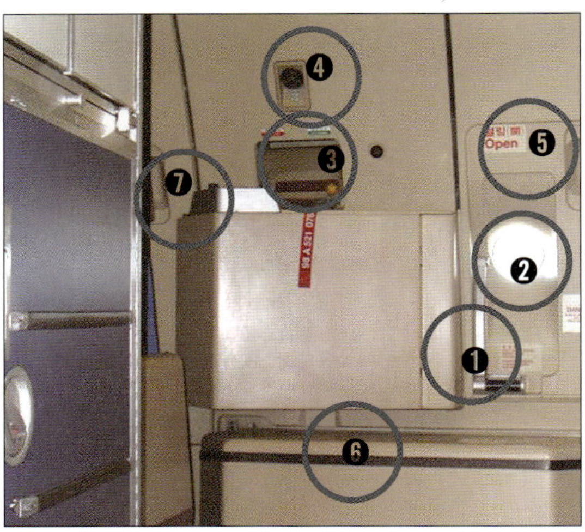

① Door의 구조

1. Door Handle
2. Viewing Window
3. Arming Lever
4. Door Warning Horn
5. Assist Handle
6. Evacuation System Container
7. Gust Lock Release Lever

A300-600

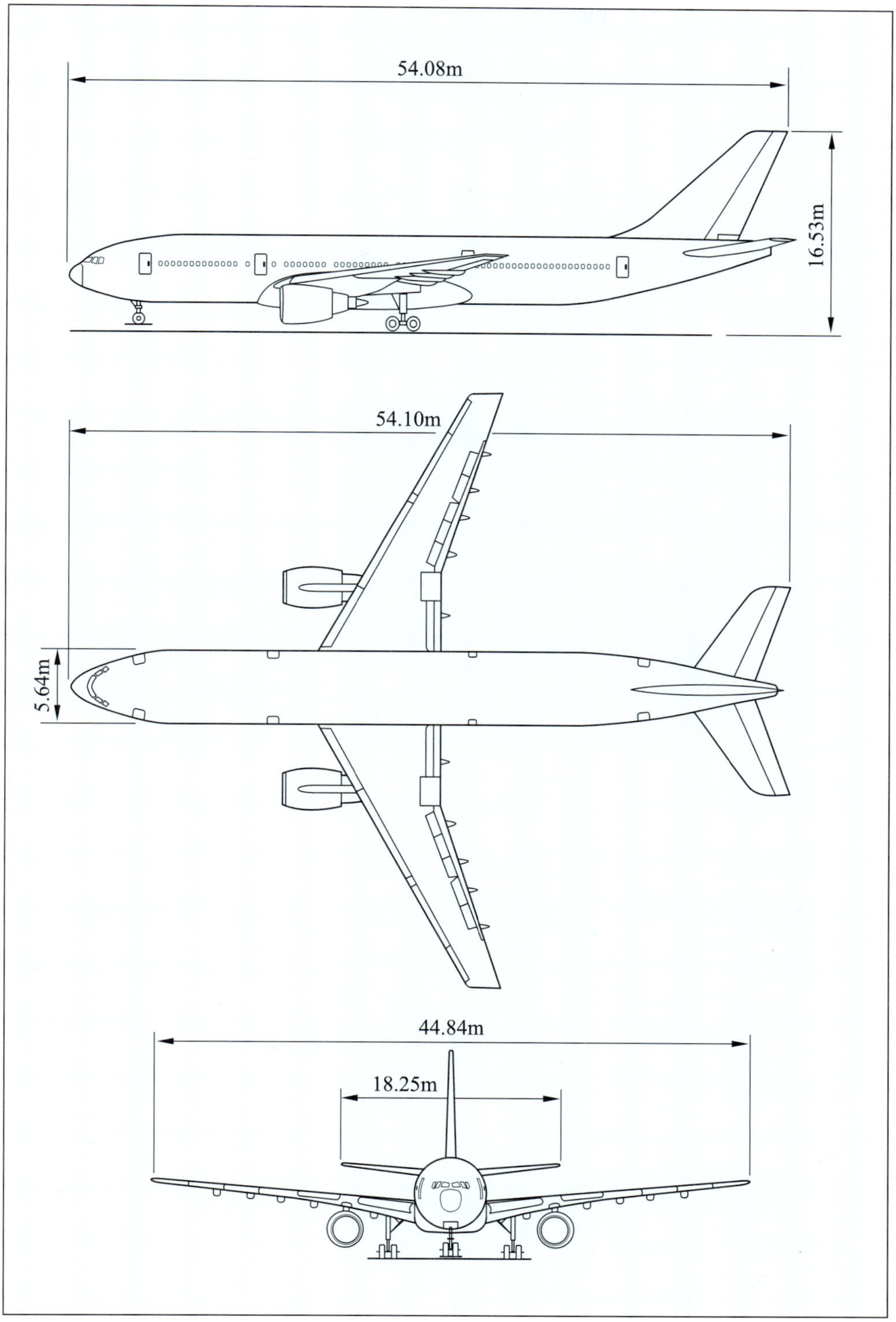

② A300의 Door에는 부주의나 실수로 인하여 Slide의 팽창을 방지하기 위하여 각 Door마다 Warning System이 장착되어 있다. 만약 Door Slide Mode가 팽창 위치에서 Door를 열려고 Door Control Handle을 약 3~4도 정도 들어 올리면 Red Light가 소리와 함께 깜빡인다.

③ Door가 완전히 닫힘 상태인지를 확인할 수 있는 Door Locking Indicator가 Door 상단에 설치되어 있어 Indicator에 'LOCKED' 라는 표시가 나타난다. 충분히 닫히지 않을 때에는 'UNLOCKED' 로 표시된다.

Warning System 및 Door Locking Indicator

④ 비상구가 좌 · 우로 4개씩 모두 8개가 있다.

⑤ Door Handle이 좌 · 우가 아닌 상 · 하로 들어올리고 내리는 방식으로 되어 있다.

⑥ NO1 Door 와 N03 Door의 Slide Mode 형태

정상위치시에는 반드시 Safety Pin을 걸어두어야 한다.

NO1 Door의 경우 Safety Pin을 보관하기 위한 홈이 Door 내에 있으나, NO3 Door에는 Safety Pin을 Door Side Wall에 보관토록 제작되어 있다.

L1

L3

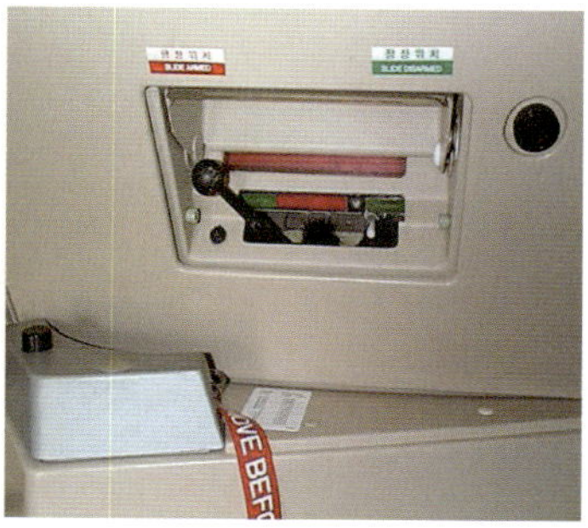

Safety Pin

(4) Attendant Panel

Panel은 L1과 L4만 있다.

① L1 Door Panel

L1 Door Panel

ⓐ 기능

- Eacuation Command Switch

  Evacuation Command Switch를 누르면 전 Station에 Evacuation Horn이 울린다.

• Evacuation Command Test Switch

- Reading Light Control(독서등)

㉠Cabin의 전체 Passenger Seat 독서등의 전원 공급

㉡ON, OFF 2단계

- Cabin Light Control(기내 조명)

• 객실의 조명은 L1과 L4 Panel에서 Control한다.
• L1에서는 객실 전체를 Control하며, L4에서는 Economic Class만 Control 할 수 있다.
• Button 방식으로 Push & Push로 ON, OFF된다.
• Enter : 출입구(Cabin 전방, 중간, 후방)의 밝기를 조절한다.
• 객실의 조명을 조절한다.

㉠100, 50, 10의 3단계로 조절한다.

㉡1, 2, 3은 Overhead Bin의 하단, 상단, Ceiling Light를 조절한다.

(5) Communication System

• Handset로 방송과 Interphone이 가능하며, 각 Station에 1개씩 장착되어 있다.
• Handset에는 Attendant Call(승무원 호출)을 하는 사람이 누구인가를 알려주는 Indicator Light와 상대방에게 호출하는 경우이거나 기내방송을 하기 위한 Call Button이 있다.
• Push To Talk 방식이다.

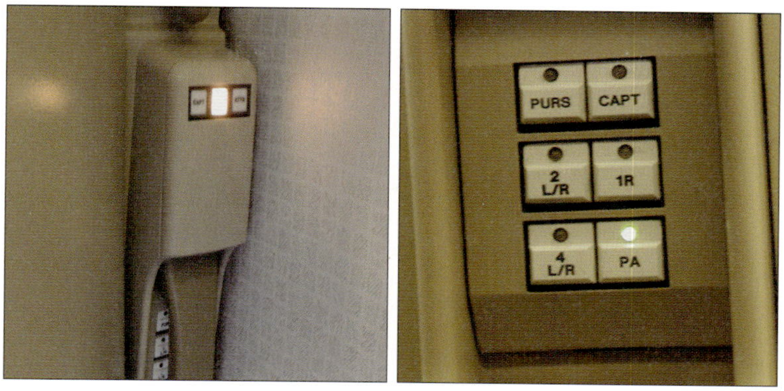

Handset

(6) Oxygen System

A300은 산소 Mask를 당기면 Chemical Generator가 작동하는 화학반응식 개별공급 System으로 작동은 약 15분간 공급된다.

8. A330

A330은 1993년 A300의 대체 기종으로 개발된 2 Jet Engine이다.

이는 B777-200을 경쟁으로 하여 제작되었다. 이때 에어버스가 이제까지의 경험을 결집하여 개발비용을 절감하기 위하여 4 Jet Engine으로 초장거리용 대형 여객기인 A340을 동체 길이의 차이만 있을 뿐 A330과 동시에 개발하게 되었다

현재 동남아 노선, 미주 노선, 구주 노선에 투입되고 있다.

A330-300

(1) 항공기 제원

A330-300

구 분	내 용
전장	63.69m
전폭	60.30m
전고	16.83m
순항속도	926km
최고 순항고도	12,527m
최대 항속거리	10,882km
좌석 수	296석
최대 이륙 중량	230,000kg
3개의 Landing Gear	10개의 Wheel

(2) 구조 및 특징

① 이 기종은 여러 종류의 2가지의 Model이 있다.

A330-200과 A330-300이 있다.

② A330-200과 A330-300의 차이점

A330-200은 동체가 5m 짧으나 연료 탑재량이 늘어 항속거리가 12,500km로 더 장거리 버전이다.

③ 외형상 B747-400과 같이 Main Wing 양쪽 끝에 공기 소용돌이 현상을 감소시키는 Winglet가 있다.

④ B747과 비교할 정도의 화물 적재 능력을 가지고 있다.

A330-200

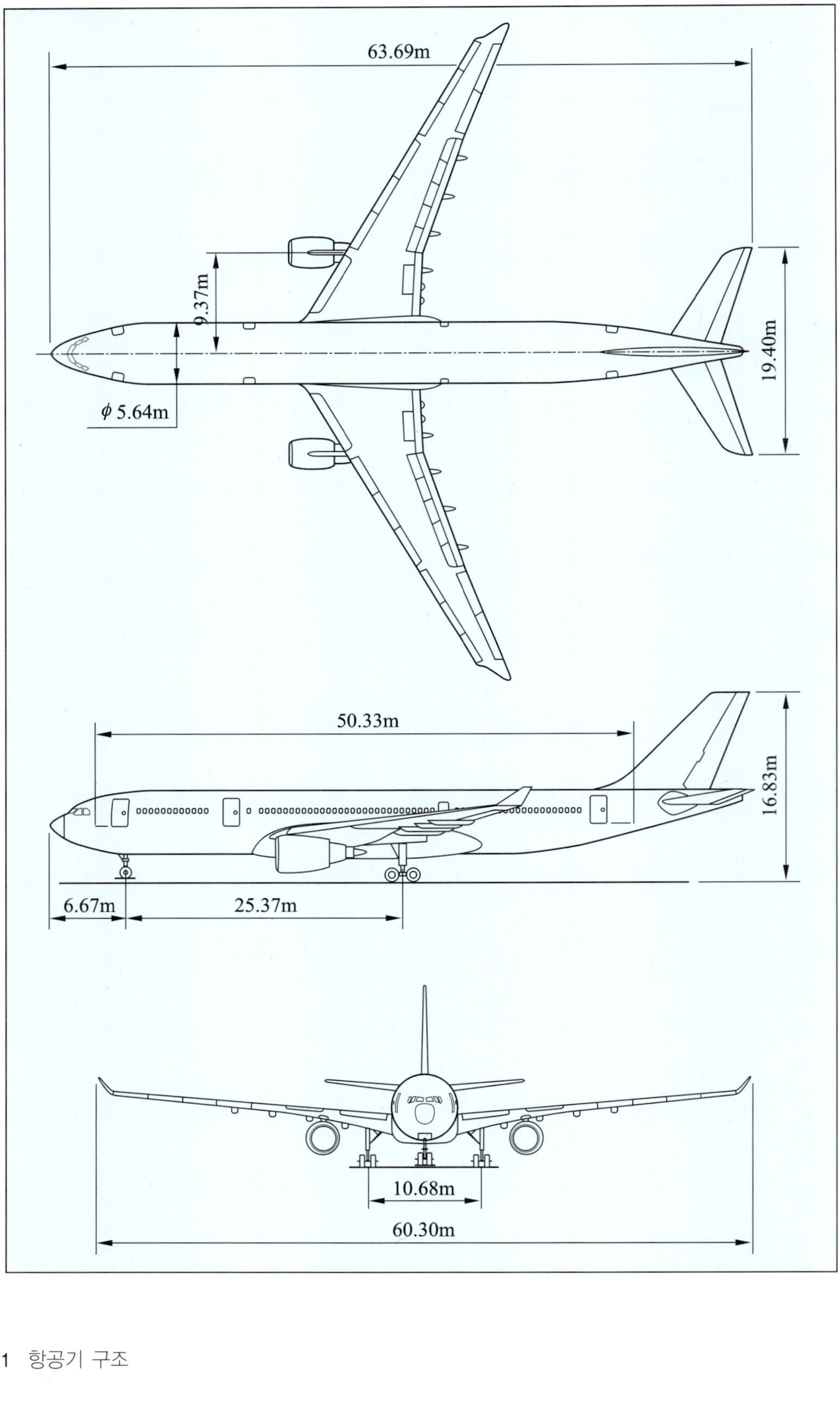

(3) A330의 특징

① 주로 논스톱으로 1만km 이상의 거리를 비행하는 국제선에 취항하고 있다.

② 동체는 A-300의 것을 그대로 쓰고 있으며, 주익은 새로 설계한 것

③ 조종석 주변의 장비와 플라이 바이 와이어 조종시스템은 A320의 것을 전용하고 있다.

④ A340 계열로 제작되어 취항하고 있는 기종으로는 항속거리에 중점을 둔 A340-200기와 동체를 표준형보다 길게 한 A340-300형(표준 295석)이 있다.

⑤ 현재 에어버스 인더스트리에서 개발을 추진하고 있는 기종에는 항속거리를 1만5,000㎞로 연장한 800형, 무착륙으로 세계일주가 가능한 UHB형 등이 있다.

⑥ A340계열의 기종 중 가장 최근에 개발된 A340-500와 A340-600기는 연료 적재량을 증가시킨 기종이다.

(4) Door

① Door의 구조

1. Door Handle
2. Viewing Window
3. Arming Lever
4. Emergency Light
5. Assist Handle
6. Evacuation System Container
7. Gust Lock Release Lever
8. Door Locking Indicator
   Door가 완전히 닫힘 상태인지 확인이 가능한지 Door 상단에 2개가 설치되어 있다. Indicator에는 "LOCKED"라는 Green Color 바탕의 표시와 "OPEN"이라고 Pink Color 바탕의 표시
9. Red Warnning Flag With Safety Pin

② Main Door

ⓐ Door Warning System

위치 : Entry Door의 창문 앞에 있다.

- Slide Armed Warning Light
- Cabin Pressure Warning Light

- Slide Armed Warning Light.

  Arming Lever가 "ARMED" 위치에 있을 때 Door Handle이 위로 움직이면 White Light가 들어온다.
- Cabin Pressure Warning Light.

  엔진이 정지하고 Arming Lever가 "DISARMED" 위치에 있을 때 기내와 외부와의 압력 차이가 발생하면 Red Waning Light가 깜박인다.

ⓑ Door Slide

- N02 Door의 Slide/Raft는 Engine으로부터 안전거리 확보를 위해 앞쪽으로 기울어져 있고, 이와 대비하여 NO3 Door의 Slide는 후방으로 기울어져 있는 것이 특징이다.
- NO3 Door의 Slide는 Single Lane, 기타 Door의 Slide/Raft는 Dual Lane이다.

ⓒ Door Slide Mode

- Slide Mode가 Disarmed Position에 있을 때에는 Red Flag 끝에 달려 있는 Safety Pin을 끼워 넣어 고정시킨다.

(5) Attendant Panel

Door L1, L2, L4 Door 옆에는 있으며 L1의 Purser Station에 주 Control Panel인 Forward Attendant Panel과 L2, L4에는 Additional 보조의 역할을 하는 Additional Attendant Panel이 있다.

① Forward Attendant Panel(Cabin Control Panel)

- 위치: L1에 설치
  LCD 화면과 Button으로 되어 있다.
- 기능: 모든 객실 시스템을 Control 하며 System의 상태를 나타낼 수 있는 기능이 장착되어 있음

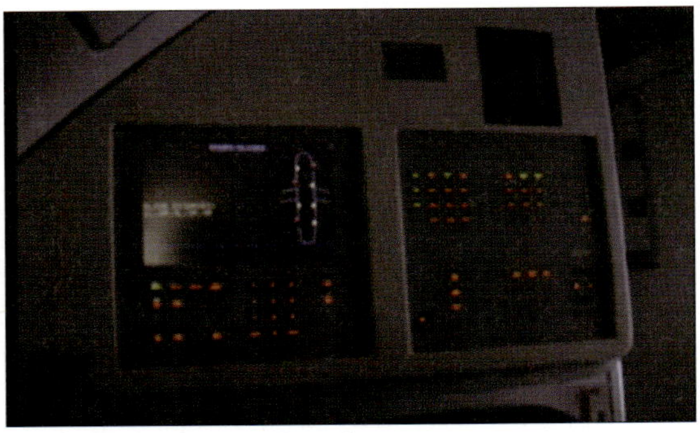

Forward Attendant Panel

- Cabin Light Control(기내 조명)

- Cabin의 전체 또는 특정 Zone 선택 조절기능
  (LCD 화면으로 Class별 조절이 가능)
- Night. Dim2, Dim1, Medium, FC/BC/YC로 밝기 4단계
  On 상태에서 Green Light를 1회 더 Button을 누르면 Off된다.

- Emergency 관련 Switch

- ELS
- EVAC Command Switch
- EAC Reset

- Temperature Switch

- FWD, MID, AFT의 3 Zone으로 구분

- **BGM(Boarding Music)**

- **Pre-Recording Announcement**

명기되어 있는 숫자를 누르면서 입력하고 5개까지 예약 가능하다.

- **Door**

화면을 통해 나타난다.

- Door의 잠김상태 : Open(Red), Close(Amber)
- Door Slide Mode
- Door Slide Pressure를 점검, 확인

- **Water**

- 물의 지상 공급량 및 잔량을 확인
- Waste : 화장실 오물 Tank 상태 확인

② Additional Attendant Panel : AAP

- 위치 : L2와 L4에 설치
- 기능
  - EVAC Rest
  - Smoke Lavatory

Additional Attendant Panel

③ Attendant Indication Panel : AIP

- 위치 : 전 Station에 설치
- 기능

  - 각 16자 문자의 표시로 Green과 Red의 표시등으로 나타난다.
- Handset 작동 : P. A 및 Interphone

  (예) CALL 1L ATTND
- 승객호출 관련 Massage

  (예) CALL SR 12 ML
- System 및 Emergency 관련 Massage
- Smoke Detector

  (예) SMOKE LAV 35 ML

Attendant Indication Panel

④ Video Control Center

- 승객 Briefing 자료 및 각종 영상물 상영
- Airshow Control

(6) Communication System

Handset로 방송과 Interphone이 가능하며, 각 Station에 있으며 Video Control Center에 장착되어 있다.

① P. A System

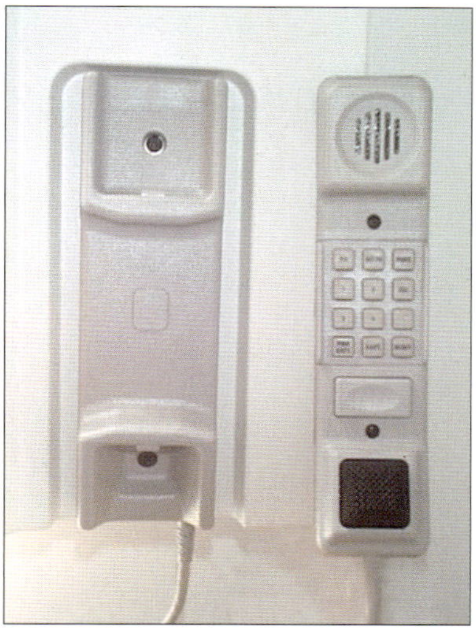

Attendant Indication Panel

- 각 Station별로 문자와 숫자로 표시되어 있다.
- PTT 방식이다.
- 사용 후 Reset Button이나 Handset를 제자리에 걸어놓으면 Off된다.

② Passenger Call System

모든 항공기에는 다음과 같은 Call System으로 되어 있다.

기종별로 Display되는 Call Light의 Color는 상이하다.

- Passenger Call : Blue Light
- Attendant Call : Pink Light
- Lavatory Call : Yellow Light

(7) Oxygen System

- A330은 화학 반응식 개별공급 System이다.
- 산소 공급 System
  - 산소 Mask가 Drop된다.
  - Mask에 줄을 당기면 Release Pin이 빠지면서 Chemical Oxygen Generator가 작동하면서 산소를 공급한다.
  - Chemical Oxygen Generator가 작동하면서 타는 냄새와 열이 난다.
  - 산소가 공급되면서 비닐의 녹색 Flow Indicator 부분이 부풀어 오른다.
  - 산소가 공급되면 중단에 멈출 수 없으며 22분간 공급된다.

9. A380

A380은 현재까지 생산된 항공기 중 가장 대형으로 "움직이는 호텔", "하늘의 궁전" 또는 "Whale Jet"로 불리며 전체가 Double Deck으로 제작된 4 Jet Engine 이다.

세계의 대형 여객기 시장을 독점하고 있는 B747에 대항하기 위해서 1990년대 초부터 좌석 수 500석 이상의 대형 여객기 개발에 대한 연구를 시작했다.

2000년 12월 19일에 최종적으로 개발이 결정된 것이 A380이다.

최초로 A380에 대한 구매를 결정한 것은 에미리트항공으로 현재 Inchon 공항에 취항 중이며, Europe에서는 AIR FRANCE가 파리-뉴욕 구간을 동양권에서는 싱가폴 항공, 콴타스 항공 등이 운항 중에 있으며, 앞으로 많은 항공사들의 항공사 Logo와 함께 공항에서 접할 수가 있을 것이다.

대한항공에서 8대를 비롯하여 에미레이트 항공사 43대와 15개 항공사가 A380을 발주했다.

1대당 가격은 약 3억 달러 정도이다.

종전의 B747 Jumbo의 의미가 A380 'Super Jumbo' 로 변하게 되었다.

A380

(1) 항공기 제원

A380

구 분	내 용
전장	73.0m
전폭	79.8m
전고	24.1m
순항속도	902km
최고 순항고도	13,100m
최대 항속거리	15,100km
좌석 수	555석
최대 이륙 중량	560,000kg
5개의 Landing Gear	18개의 Wheel

(2) 구조 및 특징

① 전체 객실 복층 구조로 되어 있다.

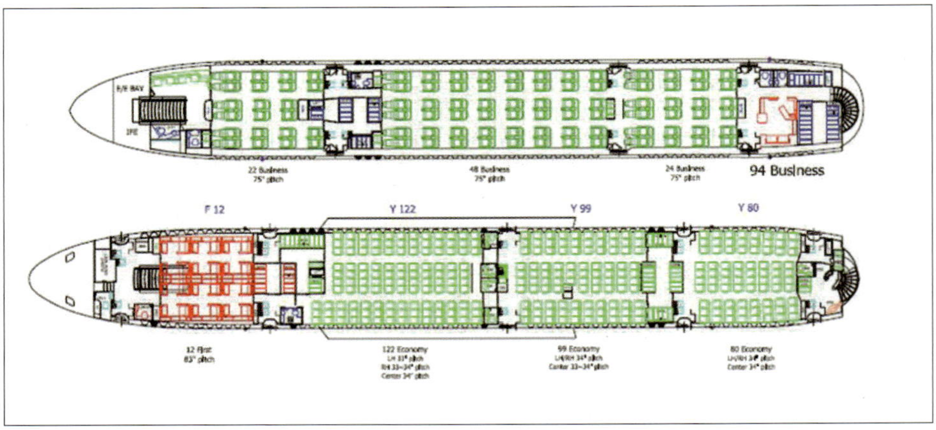

② A380 항공기에는 M/D과 U/D을 연결하는 Stairs(계단)가 객실최전방(FWD Stairs)과 객실최후방(AFT Stairs)에 위치하고 있으며 FWD Stairs는 승객과 승무원 모두 사용할 수 있으나, AFT Stairs는 위치적 특성(Galley 사이)을 고려하여 승객의 안전을 위해 승객의 사용을 가능한 한 제한되어 사용 시 주의 안내하여야 한다.

FWDStairsAFT Stairs

③ 항공기의 이·착륙, Taxing 중, Turbulence 시에는 사용할 수 없다.
④ 비상 시 대비 Emergency Light가 설치되어 있다.
⑤ 화재 시 연기를 차단하기 위한 Smoke Barrier가 장착되어 있다.

Smoke Barrier Lever

⑥ 취항지의 국제공항에서는 취항을 위해 공항 시설의 개조, 시설 확보, 지상 조업장비 확보 등에 관심사가 되고 있다.

⑦ 항공사별 선택 사항으로 설치 가능한 시설은 Snack Bar, Shower 시설, Lounge, In-Flight Shop, Health Club, Meeting Room 및 일부 항공사에는 Casino를 설치하고 있다.

⑧ 객실의 조명이 LED 시스템을 채택하여 전기 램프가 없다.

B747보다 1,600km의 긴 항속거리와 66Ton의 화물 탑재 능력을 가지고 있다.

⑨ 항공기 구조 및 부품을 일부 약 40% 정도를 탄소 섬유 강화 복합 소재로 하여 중량을 20% 정도 감소시켰다.

⑩ 주날개의 표면적을 B747 대비하여 약 50% 늘려 최대 이륙 중량을 늘렸다.

(3) 국내 항공사의 특징

① 1등석 Seat Type

개방형 : 기내 편의복 또는 복장의 제한

밀폐형 : 복장의 자유(개인의 영역 극대화)

개방형

밀폐형

KAL : 개방형, ASIANA : 밀폐형

② Seat의 명칭

〈KAL〉

1등석 : KOSMO SUIT

2등석 : PRESTIGE SLEEPER

일반석 : NEW ECONOMY

〈ASIANA〉

1등석 : FIRST SWEET CLASS : TWO DOOR 장착으로 프라이버시 극대화

2등석 : OZ QUADRA SMARTIUM CLASS : FULL FLAT SEAT

일반석 : TRAVEL CLASS

② Seat의 구성

〈KAL〉	12 /	94 /	301	407석
	A380 보유 항공사 중 가장 최소화된 좌석으로 운항			
〈ASIANA〉	12 /	66 /	417	495석

④ 기타

〈KAL〉

- 최초의 기내면세품 DUTY FREE SHOW CASE 설치
- 꿈의 LOUNGE Celestial Bar 운영

〈ASIANA〉

- 개인용 Mini Bar
- 최대 32인치 개인용 Monitor

Mini Bar

(4) Door

가. Door의 구조

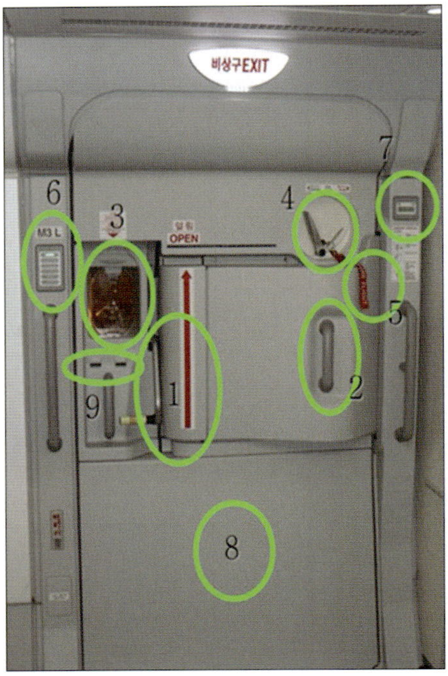

1. Door Handle
2. Assist Handle
3. Viewing Window
4. Arming Lever& Safety Pin
5. Safety Pin
6. DISP(Door and Slide Indication Panel)
7. Cabin Pressure Warning Light
8. Evacuation System Container
9. Door Locking Indicator

① A380은 동일 크기의 2층 구조로 되어 있으나, 아래층에는 좌우 5개씩 10개의 비상구와 2층에는 좌우 3개씩 6개의 비상구로 구성되어 객실은 총 16개의 비상구로 되어 있다. 이는 같은 크기의 복층이나 비상사태 시 탈출이용이 용이하기 위해 Door Slide/Raft가 지그재그 모양으로 되어 있다.

② Door Handle이 A330 기종과 같이 상하로 들어 올리고 내리는 방식으로 되어 있다.

③ Arming Lever에 Safety Pin이 장착되어 있다.

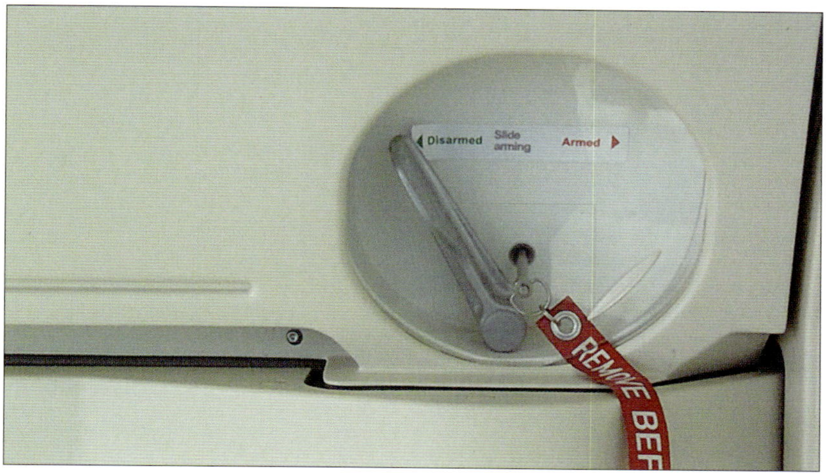

나. Slide/Raft

① Main Deck No 3 Door에는 Double Lane의 Slide만 장착되어 있다. 기타 모든 Door는 Double Lane의 Slide/Raft로 되어 있다.

② 모든 Upper Deck Door(6개)와 Main Deck No3 Door는 Slide 가동체에 장착되어 있어 Slide Bustle이 없다.

다. Door 작동법

1. Door의 개폐는 Electronic System과 Manual System으로 병행사용할 수 있다.

Electronic System 사용법

- DISP(Door and Slide Indication Panel)을 이용

1) DOOR OPEN 시

① Open Button을 Door가 완전히 개방되어 DISP 상에 " Fully Open" Button이 들어올 때까지 누른다.

2) DOOR CLOSE 시

① Assist Handle을 잡은 채로 Close Button을 Door가 Flame에 이르러 멈출 때까지 누른다.

② Locking Indicator가 있어 녹색의 "LOCKED"과 적색의 "UNLOCKED" 표시등이 들어온다.

③ 항공기의 모든 Door는 고도 24,000FT 이하에서 속도가 약 111Km 이상일 경우, Door Locking System이 작동된다.

DISP(Doorand Slide Indication Panel)

(5) Communication System

가. Interphone

① 사용법

- Handset에 해당하는 Function Key 또는 Soft key를 누른 후 Green색의 Send Button을 눌러 통화한다.
- Interphone 사용 시 PTT Button을 누를 시에는 PA 기능으로 전환할 수 있음으로 주의.

② 비상 신호 기능이 있다.

- Handset에 "EMER" Button을 1초 이상 누르면 운항, 객실 모든 승무원에게 비상상황이 발생하였음을 알리는 신호가 작동한다.

나. PA

① Handset에 "PTT"Button을 누르고 사용한다.

② Reset 시에는 원위치를 시키거나 붉은색의 Reset Button을 누른다.

다. 탈출 신호

①EVAC COMMAND SWITCH

위치 : Cockpit과 L1. UL1.Station의 FAP(Flight Attendant Panel)에 장착.

②ELS

위치 : Cockpit과 L1. UL1. Station의 FAP(Flight Attendant Panel)에 장착.

라. FAP(Flight Attendant Panel) 기능

①L1. UL1. Station에 위치

②LCD 화면과 Button으로 구성되어 있다.

③기능

- Cabin Music:Music, Boarding Music
- Pre-recorded Announcements
- Cabin Lighting (구역별 조절 가능)
- Doors/Slides
  1) Door Open : RED
  2) Door 팽창위치 : GREEN
  3) Door 정상위치 : YELLOW로 표시
- Cabin Temperature
- Water/Waste
- Smoke Detection: Smoke Reset: Smoke Detector의 경고음을 Reset.
- Seat Settings
- Reading Light Settings
- Caution Light

－EVAC COMMAND SWITCH & ELS

－EVAC Reset SWITCH

마. Mini-Smoke Detector

① R1. UR3. Station에 위치

바. 산소공급 System

① B747과 마찬가지로 TANK식 중앙 산소공급 시스템을 채택하고 있다.

② 계단 Ceiling에는 6개의 산소마스크가 설치되어 있다.

③ LAV에도 만약을 대비하여 산소마스크가 설치되어 있다.

PART 2

비행 안전

CHAPTER 1

비상 장비

제1장

비상장비

승객에게 출발지의 항공기 탑승부터 목적지 항공기 하기까지 안전하고 편안한 여행을 하도록 안전과 보안에 철저를 기하는 것이 가장 근본적이며 중요한 서비스이다.

일반 장비 및 비상 탈출 장비, 화재 장비, 보안 장비, 의료 장비의 점검 및 확인으로 그 품목은 다음과 같으며 모든 비상 장비를 check 할 경우에는

① 정위치 여부(Decal로 표시되어 있는 비상 장비의 위치 확인)

② 작동 여부(장비의 사용 가능 여부 확인)

③ 작동법(장비 사용법의 숙지)

- **일반 장비 및 비상 탈출 장비** : Demo 용구(Seat Belt, Life Vest, O_2 Mask), Life Raft(구명보트) 및 Escape Door Slide 및 ELT(Emergency Locator Transmitter), Public Address(PA), Flash Light, Interphone 및 Megaphone 등의 위치 및 상태를 점검한다.
- **화재 장비** : 소화기, Protective Breathing Equipment(PBE)[5], Circuit Breaker, 석면장갑, 손도끼, Smoke Detector, Smoke Goggle, Smoke Barrier 등
- **의료 장비** : PO_2 Bottle, Medical Bag, First Aid Kit, Emergency

5) Protective Breathing Equipment : 기내 화재 진압시 연기 및 유독성 가스로부터 호흡 및 안면을 보호하고 시야를 확보하기 위한 목적으로 사용된다.

Medical Kit, Resuscitator Bag, Universal Precaution Kit, Automated External Defibrillator(AED : 자동심실제동기), Wheel Chair 등

- **보안 장비** : 비상벨, 전기충격총(Taser), 포승줄, 수갑, 방탄조끼, 방폭 담요, 무기 인수인계 대장 등

제1절 비상 탈출 장비

1. Life Vest(구명복)

(1) 사용 목적

구명복은 비상 착수시 익사 방지 및 해상 표류시 체온 강하를 막는 데 그 목적이 있다.

(2) 구명복의 종류

① 승무원용은 오렌지색이며 일반 승객용은 노란색으로 국제표준화되어 있으며, 일반용은 성인용과 유아용이 있다.

② 유아용 구명복에는 보호자와 연결할 수 있는 연결끈이 있다.

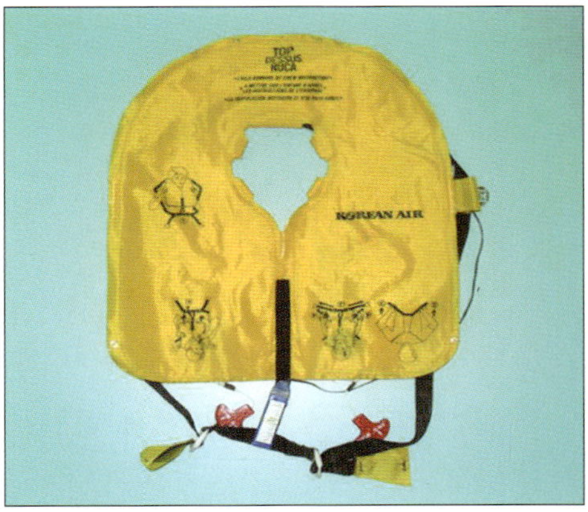

성인용 Life Vest

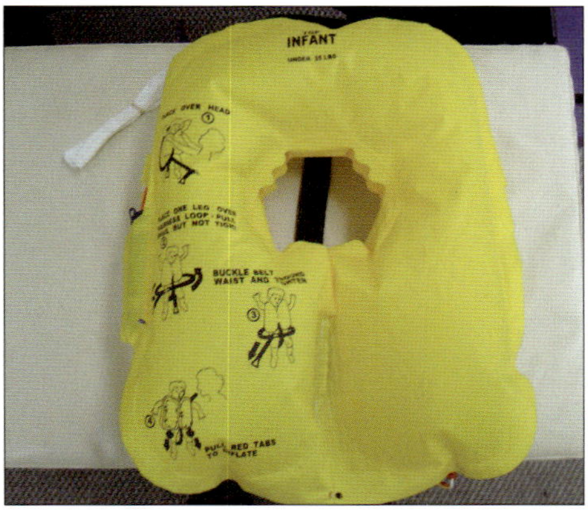

유아용 Life Vest

(3) 사용법

① 붉은색의 손잡이가 앞쪽으로 오도록 머리에서부터 입는다.
② 양쪽의 Strap 사이로 팔을 집어넣은 후 평평하게 아래로 잡아당긴다.
③ 양쪽의 조절 손잡이를 이용, 몸에 맞도록 조절한다.
④ 구명복은 CO_2 Cartridge 2개가 들어 있는 기존형과 1개의 CO_2 Cartridge 가 들어 있는 Single의 신형이 있다. 하나 또는 양쪽의 손잡이를 당기면 신속하게 공기가 주입되면서 각각 1개 또는 2개의 Tube가 부풀게 된다. 충분히 부풀지 않을 때에는 수동으로 고무관을 이용하여 입으로 불어 팽창시켜 사용한다.
⑤ 구명복의 'PULL TO LIGHT'의 Tap을 당기면 Battery Hole이 나타나고, 여기에 물이 들어가 소형 위치 표식등(Locator Light)이 들어오며 약 8~10시간 작동한다.

Single형의 Lifevest

(4) 주의사항

① 구명복은 뒤집어 사용할 수 있다.
② 공기를 뺄 때에는 양쪽의 고무관의 Air Bleed Pin을 이용한다.
③ 구명복은 탈출 직전에 부풀려야 하며 사전에 부풀리면 손상의 우려가 있으며 오히려 탈출에 방해가 된다.
단, 유아의 경우는 탈출 전에 부풀린다.

(5) 기타

만약의 사태에 대비하여 비상시 승객이 사용하게 될 비상구의 위치, 좌석벨트 사용법, 산소마스크 사용요령, 구명복(Life Vest)에 대한 사용법을 객실승무원의 시범이나 Video를 통해 설명한다.

좌석벨트는 기류 변화시 수시로 안내방송을 실시한다.

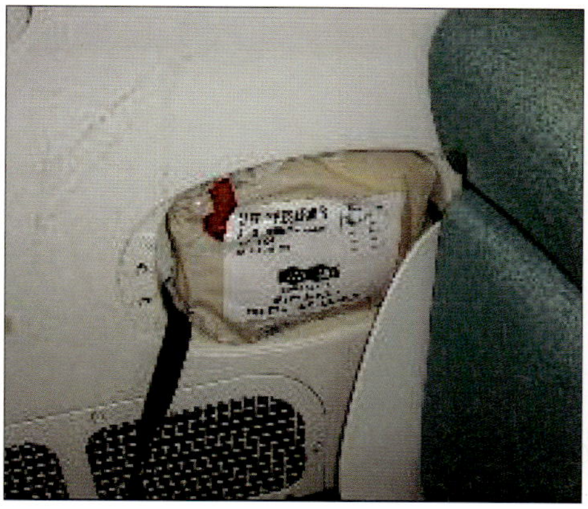

각 Class별 비상용 구명복 위치

2. Escape Door Slide 및 Life Raft

비상 착륙시 신속히 탈출하기 위해 사용되는 탈출용 미끄럼대인 Escape Slide를 비롯하여 비상 착수시 50~60명 정도 탑승할 수 있는 구명보트 역할의 Life Raft[6]가 있다.

초기의 B747-200의 기종에서는 탈출용 미끄럼대인 Escape Slide와 구명보트 역할의 Life Raft가 각각 분리되어, Escape Slide는 항공기의 출입구로 사용되는 Door의 하단 내부에 장착되어 있었으며, Life Raft는 출입구 상단 Ceiling에 별도로 장착되어 있다.

비상 착수시 이를 일부 승객의 도움을 받아 100kg 정도의 무거운 장비를 꺼내어 바다로 던져 팽창단계까지 모두 수동으로 작업하여야 했다. 촌각을 다투는 비상 착수시의 이와 같은 제반의 절차는 많은 단점을 내포하고 있었다.

이를 보완한 탈출 장비가 Slide와 Raft를 분리된 기능을 Slide/ Raft 겸용으로 사용할 수 있게 제작되어 대부분의 신기종에는 이와 같은 시스템으로 장착되어 있다.

---

6) Life Raft : 비상 착수시 항공기에서 탈출 후 구명보트 역할을 하는 부양 장비임. 장거리 해상비행(740km 이상)을 하는 경우 반드시 설치하여야 한다.

Escape Slide

미연방항공국의 인증규정에는 모든 승객을 90초 이내에 탈출을 하여야 한다고 명시되어 있다.

항공기가 바다에 착수하고 승객이 Life Raft 탑승이 끝나면 항공기의 바다 위에서 부상시간은 약 20분에서 1시간 정도이므로 신속히 항공기로부터 멀리 떨어져 항공기가 침몰하면서 발생하는 와류에서 벗어나야 한다.

안전하게 대피하면 구조대가 도달할 때까지 구명정끼리 서로 줄로 묶어 안전을 도모토록 한다.

구조되는 기간을 감안하여 구명정 하단에 각종의 부속장비가 있다.

그 종류로는 Raft를 설치, 유지하는데 필요한 Sustaining Equipment(설치용 장비), 구조대에게 보낼 수 있는 Signal Equipment(신호 장비) 및 구조될 때까지의 필요 식량, 구급약 등의 Survival Equipment(생존 장비)가 있다.

ESCAPE DEVICE

- **SLIDE**
  비상 착륙시 사용하고 Single Lane과 Double Lane이 있으며, 비상 착수시에는 뒤집어서 부유 장비로 사용할 수 있다.

- **SLIDE / RAFT**
  비상 착륙, 비상 착수시에 모두 사용하고 Double Lane으로 되어 있으며, Survival Kit가 들어 있다.

- **RAFT**
  비상 착수시에 구명정으로 사용하고 Survival Kit가 들어 있다.

(1) 설치용 장비(Sustaining Equipment)

① Canopy(차양)

ⓐ 사용 목적

- 바다에서 태양열, 추위, 파도, 폭풍우 등을 만났을 때 Raft의 천장을 덮어 피하기 위한 용도의 장비이다.
- 이는 장시간의 바다 표류시에 더위와 추위를 막으며, 빗물을 받아 식수

Canopy 설치된 모습

공급을 위한 역할도 하고 있다.

- 표면이 붉은색은 구조시 신호 역할에 커다란 도움이 된다.

ⓑ 설치 방법

- Canopy를 펴서 출입구를 Boarding Station에 맞춘다.
- Side Pole과 Canopy의 가장자리를 고정시킨다.

② Canopy Pole(차양 지지대)

ⓐ 사용 목적

- 차양을 덮기 위한 지지대로 팽창시 자동으로 위로 솟아오르게 되어 있다.

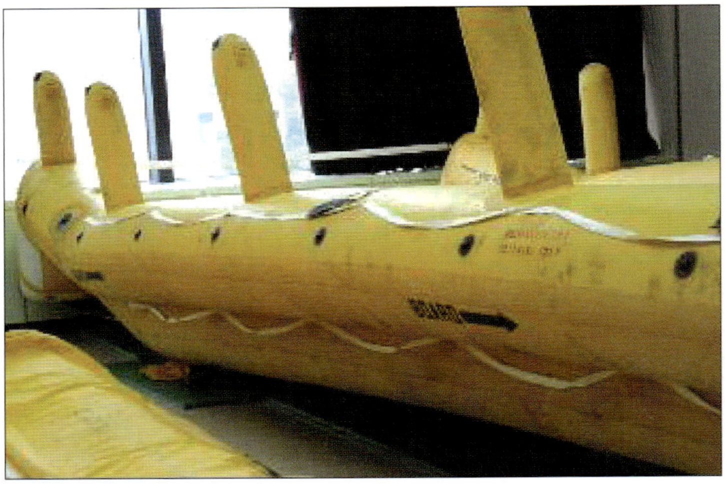

Slide/ Raft

③ Belt Line

- Raft의 바깥 둘레에 달려 있는 줄로서 물속에 있는 승객들이 줄을 잡고 몸을 의지하는 데 사용한다.
- Raft를 끌거나 Raft와 Raft를 연결하는 경우 이 Belt Line을 묶어 놓는다.

④ Hand Pump

ⓐ 사용 목적

Raft의 공기가 들어 있는 3~5개의 공기주머니 방으로 구성되어 있으나, 외부 손상이나 기타 이유로 바람이 부족하면 Raft의 부유상태가 줄어들어 위험을 초래한다.

ⓑ 사용법

손잡이가 달려 아코디언과 같이 접이식 모양으로 공기가 빠진 Tube의 빠진 공기를 주입한다. 이는 Raft를 유지하는 데 가장 큰 역할을 하는 장비의 하나이다.

Pump

⑤ Sea Anchor(닻)

ⓐ 사용 목적

- Raft가 파도나 풍랑으로부터 전복되지 않고 안정을 유지한다.
- 사고 해역으로부터 멀리 떨어지는 것을 방지함은 물론 표류 속도를 지연하는 고정축의 역할을 한다.

ⓑ 사용법

항공기에서 멀리 이탈한 후에 외부 Tube 사이에 접혀 있는 천으로 만든 역삼각형 모양의 닻으로, 이를 물속에 집어넣어 물의 저항을 일으킨다.

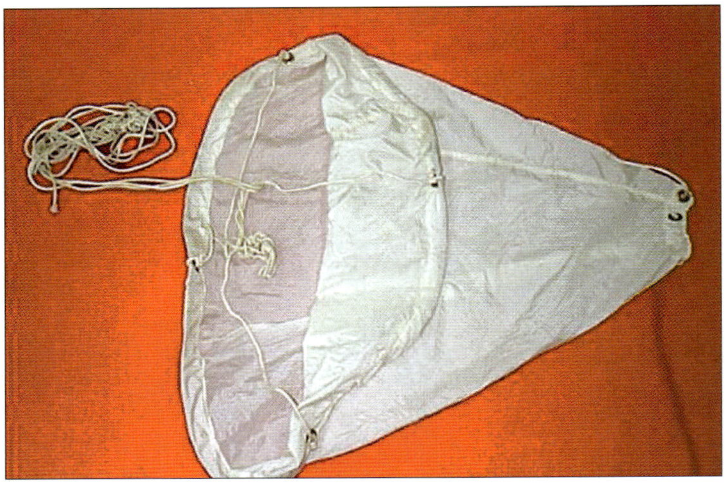

Sea Anchor

⑥ Clamp(수리용 조임쇠)

ⓐ 사용 목적

손상된 Raft Tube의 파손에 물이 들어오지 않도록 수리하는데 사용한다.

ⓑ 사용법

- 고무 Seal이 붙은 부분과 금속 뚜껑을 분리한다.
- 고무 Seal이 붙은 부분을 수리 부분에 집어 넣고 뚜껑을 씌운다.
- 나사를 조이고 침을 끊든지 구부려 놓는다.

ⓒ 기타

- 손상된 정도에 따라 대, 중, 소형이 갖추어져 있다.
- 젖은 부분의 수리도 가능하다.

- 최근에는 이와 같은 용도로 접착력이 강력한 Tube 보수용인 실란트 Tape이 사용되고 있다.

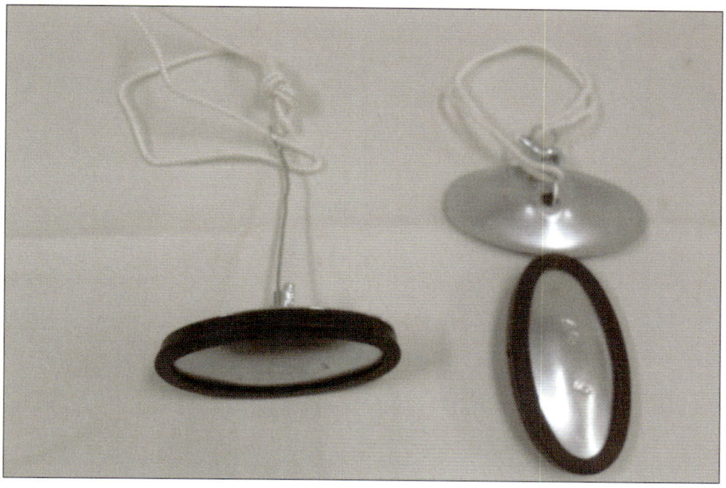

Clamp

⑦ Bailing Bucket(바구니)

- 표류시 파도, 비의 영향으로 Life Raft 내부의 물을 퍼내는데 사용한다.
- 이와 비슷한 용도로 사용할 수 있는 강력한 흡수력의 Sponge도 탑재 된다.

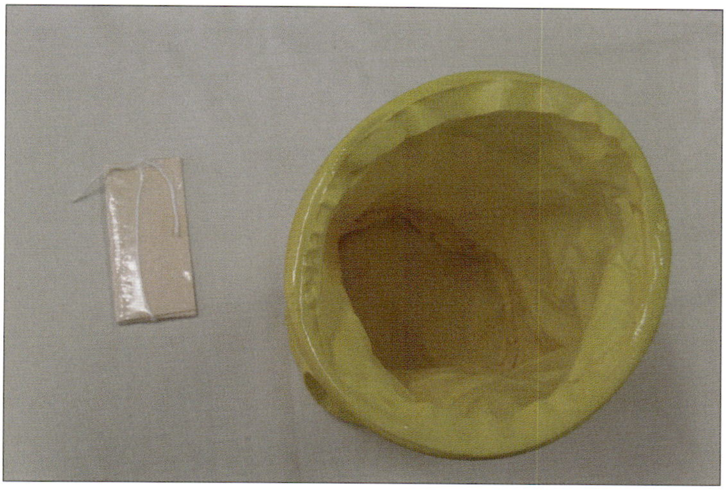

Bucket & Sponge

⑧ Heaving line(구명줄)

- 물에 빠진 인명을 구조하는데 사용한다.
- Raft와 Raft를 상호 결합시키는 Rope로 활용한다.

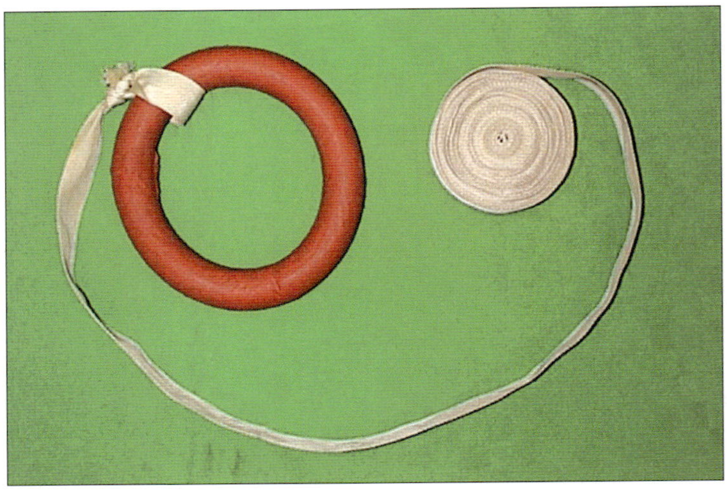

Heaving line

⑨ Knife(칼)

- 다목적의 소형 칼로 항공기와 Raft를 분리시키고, Rope를 끊거나 Raft 수리시에 사용한다.

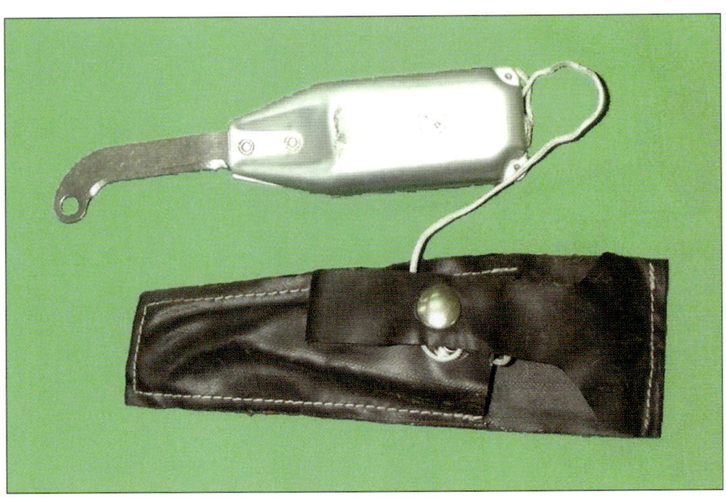

Knife

- 칼날이 안쪽으로 향하고 있는 안전한 형태의 칼이다.

(2) 신호용 장비(Signal Equipment)

① Smoke Flare Kit(연기 불꽃 신호기)

- 원통 막대형이 대부분으로 양쪽으로 사용하게 되어 있다.
- 대형기종의 Raft에는 2개씩 탑재되어 있다.

ⓐ 사용 목적

- 연기나 불꽃으로 Raft의 조난의 위치를 시각적으로 알리는데 필요한 장비이다.
- 주간, 야간 공용으로 사용할 수 있다.

ⓑ 사용법

- 주간에는 'D' 라고 표시되어 있는 모양의 오렌지색 뚜껑을 당기면 발화되면서 진한 오렌지 색깔의 연기로 식별이 용이하게 신호를 보낸다.
  - 약 10km의 거리에서 식별 가능
  - 사용시간은 15~20초이다.
- 야간에는 반대편의 붉은색 뚜껑을 당기면 화약이 터지며 불꽃 신호를 보내게 되어 있다.
  - 약 5km의 거리에서 식별 가능
  - 사용시간은 15~20초이다.
- 방수효과가 있으며, 한쪽씩 따로 사용할 수 있다.
- 효과적인 사용방법은 반드시 바람을 등지고 사용하며, Kit의 끝 부분을 잡는다.
- 뜨거운 액체 및 화염으로 인해 Raft에 손상의 위험이 있으므로 Raft 외부로 팔을 뻗어 사용해야 한다.

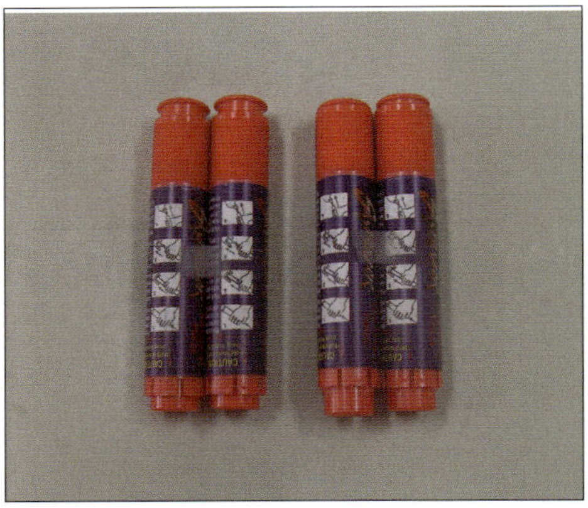

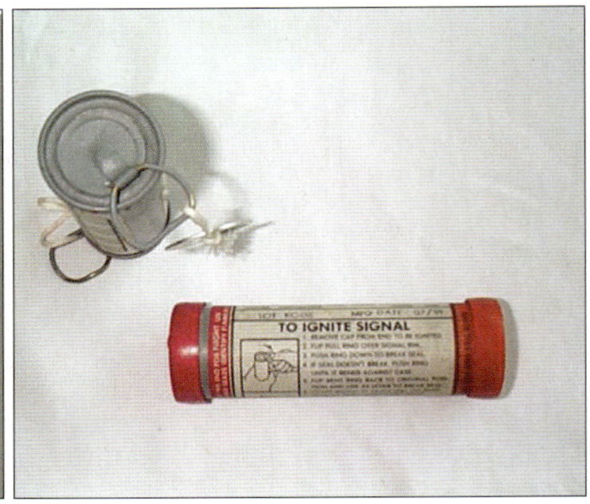

Smoke Flare Kit

② Sea Dye Marker(해양 염색제)

사용시 Raft의 Line에 끈으로 묶은 후 Pack의 Flap을 벗긴 후에 붉은색의 물감이 들어 있는 봉지를 물에 넣으면 주변의 물이 Green색으로 변해서 멀리서 발견을 용이토록 한다.

형광제가 포함되어 있어 야간에도 약간의 효과가 있다.

ⓐ 사용 목적

- 바닷물을 진한 녹색으로 염색시키는 형광장비로 구조대나 지나가는 항

Sea Dye Marker

공기, 선박 등에서 쉽게 눈에 띌 수 있도록 한다.

- 약 30~40분 정도 유지한다.

③ Signal Mirror(신호 거울)

금속으로 만든 4" × 6" 정도의 조그마한 거울로 가운데 구멍이 나 있다.

ⓐ 사용 목적

- 지나가는 항공기나 선박에게 태양광을 반사시켜 구조신호를 보내는 데 가장 좋은 효과를 가지고 있다.

ⓑ 사용법

- 한 손으로 신호용 거울의 구멍에 눈을 대고 다른 손으로 'V' 자 모양으로 벌려 지나가는 항공기에 맞추어 거울을 올렸다 내렸다 하면 번쩍거리게 된다.
- 범위는 약 50 Mile까지 도달한다.

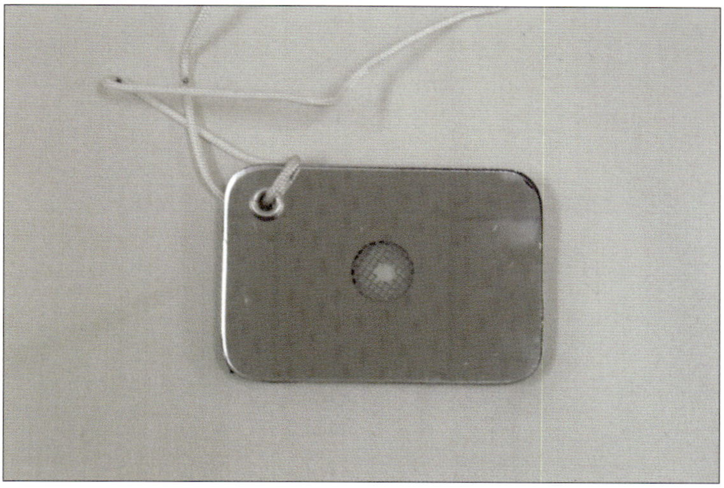

Signal Mirror

④ Whistle(호각)

- 시계가 불량하거나 근거리 시에 청각적으로 위치를 알리는데 사용한다.

(3) 생존용 장비(Survival Kit)

① 비상식량

구조대의 지연을 감안하여 탈출시간의 여유가 있을 때에는 항공기 내에 각종 장비뿐만 아니라 식수, 음식물 등을 지입할 수 있으나, 이의 불가피한 경우를 대비하여 최소한의 필요한 생존장비가 탑재되어 있다.

Candy, Gum

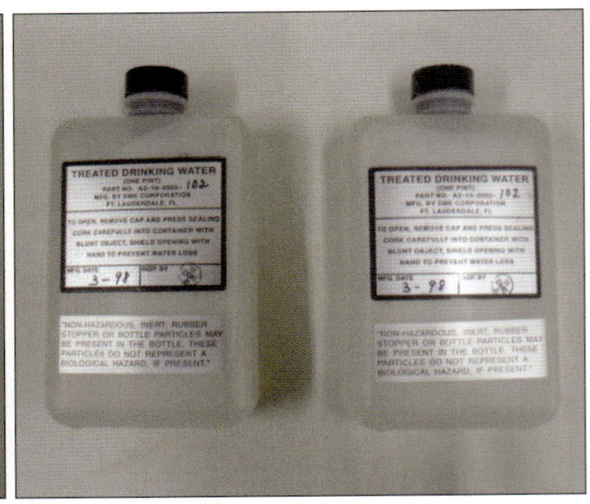

Packaged Drinking Water

- Candy, Gum, Ration은 정원의 세 끼 분이 준비되어 있다.
- 낚싯대, 바늘, 줄 등이 있다.
- Packaged Drinking Water 및 해수를 40분 정도에 식수로 변환할 수 있는 약품 Water Purification Tablets이 들어 있다.

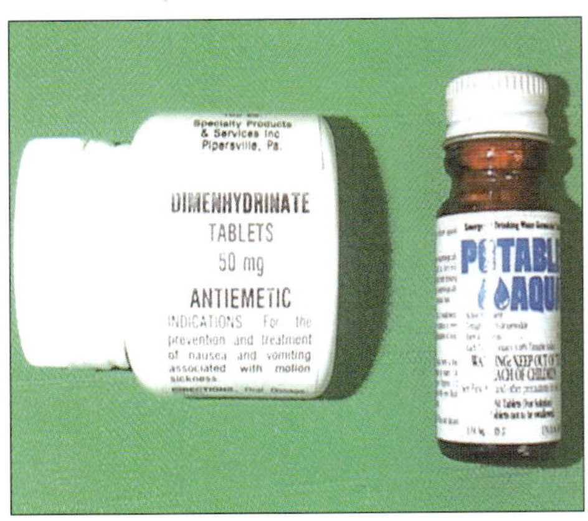

식수 변환 약품

② 구급약품

탈출시의 각종 부상에 대비하여 화상연고, 입술연고, 안과연고, 붕대, 반창고, 소독 면봉, 지혈 및 상처를 위한 삼각 밴드 그리고 혼절시 깨어나기 위한 암모니아 흡입제 등이 있다.

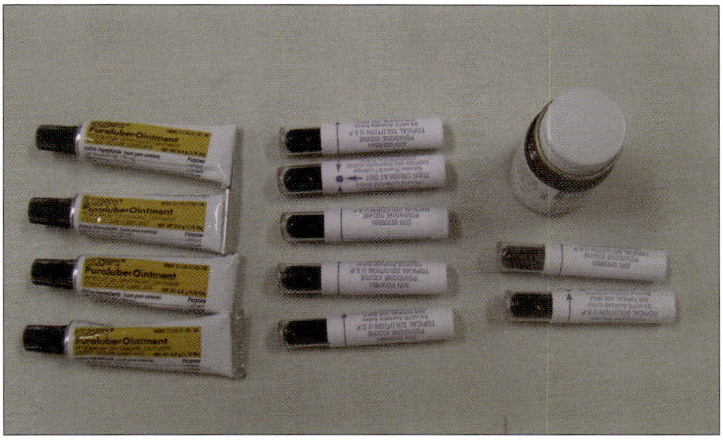

각종 연고

③ Survival Manual

인적 없는 극한 오지 지역에서 구조될 때까지 생존하기 위한 교범으로 식용이 가능한 동물, 식물의 구별법이 수록되어 있다.

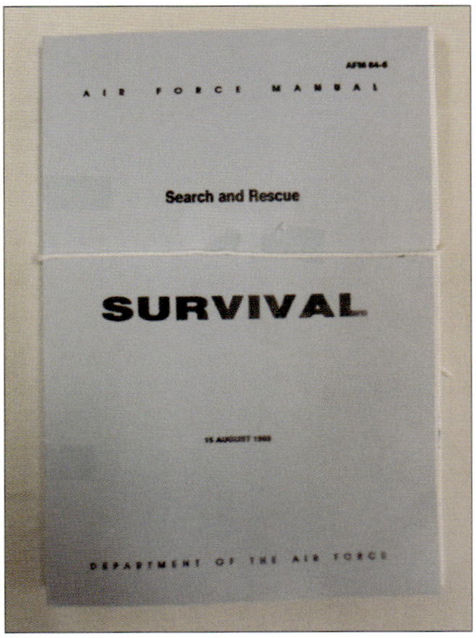

Survival Manual

④ 기타

- 나침반 : 위치와 방향을 위한 나침반
- 성경책이 있다.

3. Flash Light

(1) 사용 목적

비상사태시 승객을 유도하고 신호를 보내며 야간에 시야를 확보하기 위한 용도로 사용되고 있다. 이는 반드시 승무원의 좌석에 비치하여야 한다.

(2) 사용법

Automatic Type과 Switch Type의 Flash Light가 있다.

평상시의 사용을 지양하기 위해 비닐 밴드나 Bracket로 단단히 고정되어 있다.

평상시의 사용은 금지하고 비상시에 사용하기 위해 비닐 밴드로 Sealing되어 있으며 상단에 Emergency Use Only라고 적혀 있다.

① Automatic Type은 Bracket에 단단히 고정되어 있으며 Flash Light를 분리함과 동시에 Light가 자동으로 On되며, 제자리 원위치시키면 Off된다.

② Automatic Type의 총 작동시간은 4시간용이며 완충된 상태로 유효기간은 2.4년이다.

Emergency Flash Light의 특징은 윗부분의 LED 충전상태 표시등이 3초 간격으로 깜박이고 있어 승무원은 Check시 이를 확인하여야 한다.

③ Switch Type은 부착되어 있는 On-Off Switch를 사용한다.

④ Switch Type은 강력한 조사능력이 있는 반면 총 작동시간은 2시간으로 짧다.

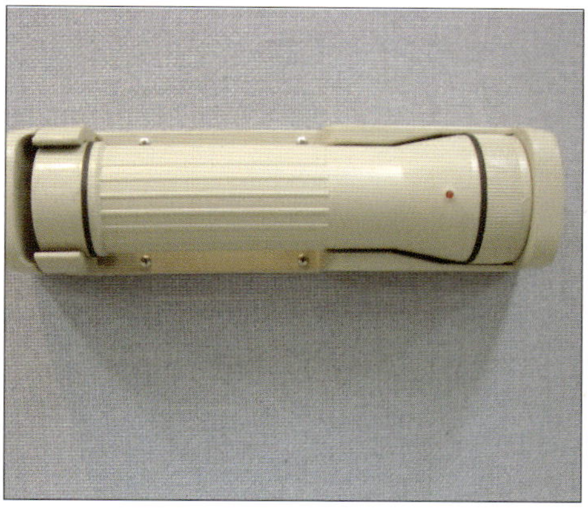

Automatic Type Flash Light

Switch Type Flash Light

4. Emergency Locator Transmitter(ELT)

(1) 사용 목적

① 항공기의 긴급 조난시 구조 요청을 위한 전파를 발생하는 장비로서 해상과 육상에서 어디에서든지 사용 가능하여 조난의 위치를 알려준다.

② 발신되는 전파신호는 비상주파수로 사용된다.

(2) 주파수

① Emergency Locator Transmitter의 주파수는 121.5MHz 민간용과 243.0MHz 군사용으로 2가지의 주파수를 이용하여 48시간 동안 320km까지 송신하고 있다.

② 현재의 ELT는 송신거리가 짧고 수색범위가 20km로 구조의 정보를 얻기가 어려워 2009년부터는 FAA 권고사항으로 수색범위 500m의 신형의 406MHz의 주파수 대역으로 사용 권고하고 있다.

③ 최신 기종에는 신형의 406MHz의 주파수의 장착을 의무화하고 있다.

(3) 사용법

① 해상에서의 사용법

- Emergency Locator Transmitter를 Life Raft에 묶은 후 바다에 던진다.
- 송신기 몸통과 안테나 부분으로 되어 있으며 안테나가 본체에 수용성 Tape으로 부착되어 있어, 물에 던지면 Water Soluble Tape가 물에 녹아 안테나가 직립하게 된다.
- 구조 후 송신 중단시에는 내부의 물을 제거시킨다.

② 육상에서의 사용법

- 본체의 안테나의 Tape을 제거하고 안테나를 직립시킨다.
- Emergency Locator Transmitter 하단의 플라스틱 봉지에 ELT를 넣은 후, 수분이 중간 부분의 구멍 높이 이상으로 채워지도록 한다. 이때에는 물, 주스, 커피, 오줌 등의 모든 수분을 사용할 수 있다.
  주기적인 물의 교체나 물을 휘저어 주는 것은 배터리 성능을 좋아지게 한다.
- 주파 발신이 용이하도록 높은 언덕이나 나무 위에 고정시킨다.
- 염분이 있는 물, 찬 물 또는 주기적으로 물을 교체 및 휘저어주면 배터리의 성능이 좋아진다.

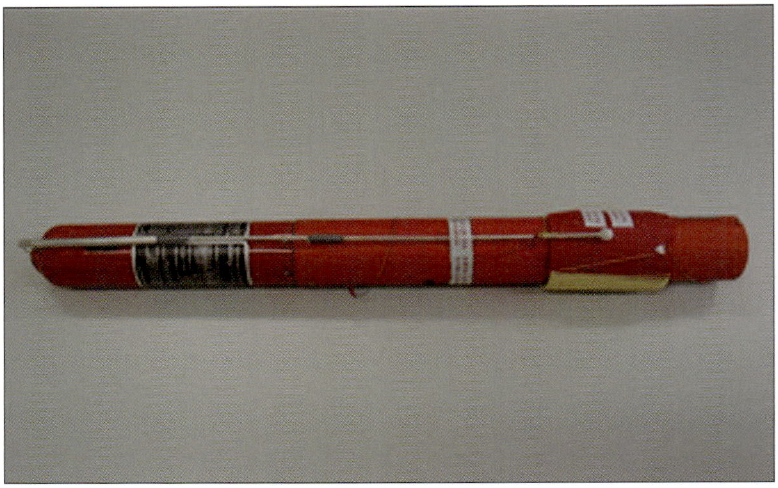

E L T

5. Megaphone

(1) 사용 목적

비상 탈출시 또는 비상탈출 후에 탈출 지휘를 하거나 정보 제공을 위해 사용된다.

(2) 사용법

① Press-To-Talk의 방식이다.

② 입을 Microphone에 가까이 대고 사용한다.

③ Volume Type은 음량을 조절한다.

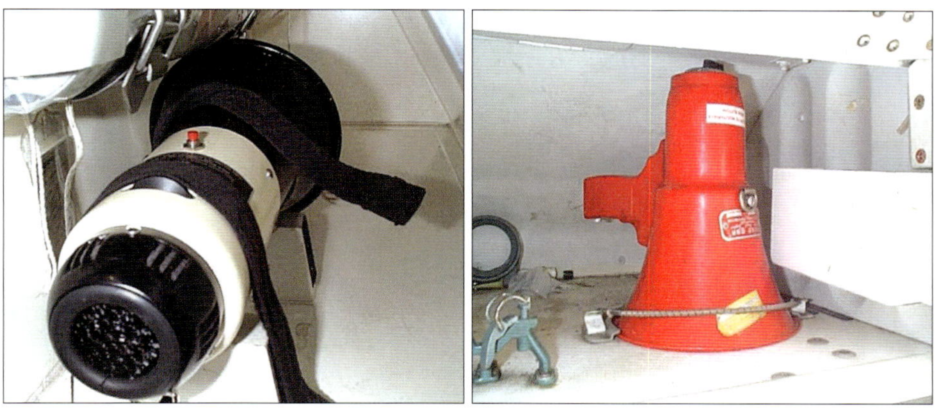

Megaphone

(3) 메가폰의 국제표준

① 연속으로 1시간 이상 사용 가능하여야 한다.

② 배터리 포함 2.7kg 이하이어야 한다.

③ 소리는 112 Decibels(DB) 이하이어야 한다.

④ 한 손으로 사용토록 크기가 제한되어 있다.

⑤ 해수에 2초 정도 담근 후에도 4시간 이상 사용 가능하여야 한다.

⑥ 탈착이 용이하도록 홀더를 사용하여야 한다.

6. Public Address(PA)

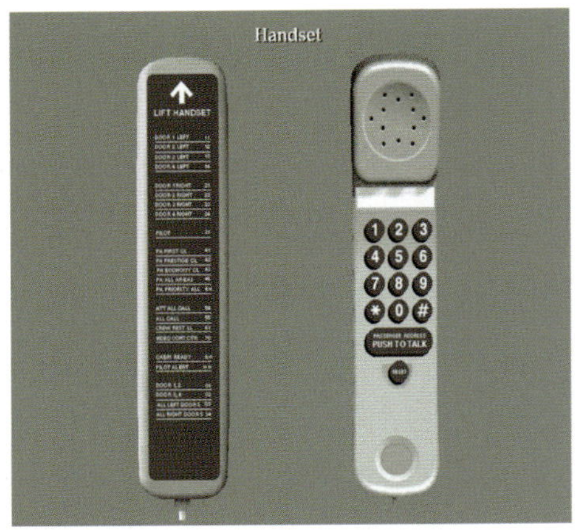

하나의 Handset로 승무원 상호간의 의사전달 수단으로 어느 곳에서도, 기내통화의 Interphone 기능과 기내 안내방송이 가능토록 각각 독립적으로 병행하여 사용할 수 있게 되어 있으며 Passenger Address System이라고도 한다.

전화기 상태로 조종석과 각 승무원의 Station, Galley, Bunker 등에 모두 비치되어 있다.

통화 및 방송을 위해서는 고유의 호출번호로서 사용할 수 있다.

각 항공기 제작사의 기종별로 사용법이 상이함으로 승무원은 사용법을 반드시 인지하여야 한다.

PA의 Priority

- Cockpit
- Attendant Station
- Pre-recorded Announcement
- Video System Audio
- Board Music 순이다.

제2절 객실 화재 장비

항공기에 탑재되는 화재 장비에는 소화기, 기내 화재 진압시에 연기나 유독가스로부터 원활한 호흡과 안면을 보호하며 시야를 확보하기 위한 Protective Breathing Equipment(PBE), Circuit Breaker, 석면장갑, 손도끼, Smoke Detector, Smoke Goggle, Smoke Barrier이 있다.

1. 소화기

비행 중 화재 발생이나 비상사태시 화재를 대비하여 화재상황에 맞는 각종 소화기가 항공기 내에 장착되어 있다.

화재상황

A 화재 : 의류, 종이, 섬유, 고무 등에서 발생하는 연소성 물질의 화재
B 화재 : 가연성 액체, 기름, 페인트 등에 의해서 발생하는 화재
C 화재 : 전기, 전자 장비에 의해서 발생하는 화재
D 화재 : 티타늄, 마그네슘, 칼슘 등의 가연성 화학약품 화재

(1) H_2O 소화기

① 사용 목적

객실 내에는 의류, 종이 등의 A 화재인 일반화재에 맞는 Type이 물소화기이다. Halon소화기로 소화 후 재발화의 위험을 막기 위해 사용하기도 한다.

② 사용법

- 소화기의 Handle을 시계방향으로 Wire Sealing이 떨어질 때까지 돌린다.

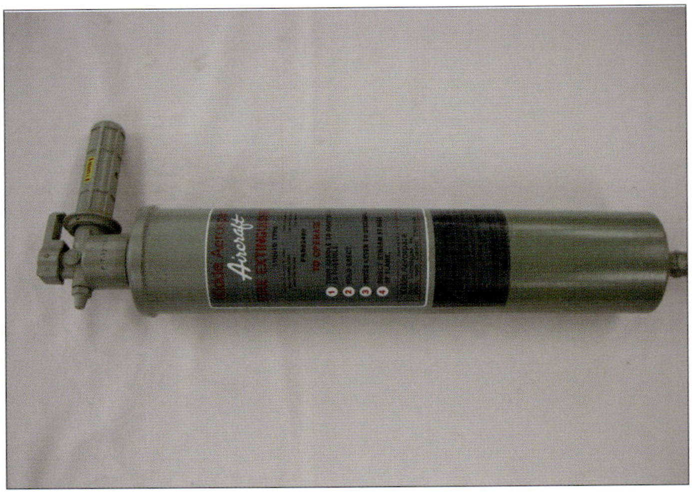

H_2O 소화기

- 소화기를 수직으로 세워 Nozzle을 화재 진원지의 밑쪽을 향한다.
- 상단의 Trigger를 누른다.
- 화재의 근거지로부터 약 2~3m 정도의 거리에서 소화액을 분사토록 한다.

③ 소화기의 기능

- 분사시간은 약 40초이며, 유효사거리는 약 6m이다.
- Handle 내부의 CO_2 Cartridge Gas에 의해 소화액이 분사된다.

④ 사용시 주의사항

- 전기나 기름 화재에 사용하면 화재가 확산되므로 조종석의 내부나 Galley 내부의 화재에서는 금지하여야 한다.
- 내부의 소화액에는 부동액이 첨가되어 있어 마셔서는 안 된다.
- 사용시 거꾸로 또는 비스듬히 사용해서는 안 된다.
- 화재의 근거지로부터 약 2~3m 정도의 거리에서 소화액을 분사토록 한다.

(2) Halon 소화기

무색무취의 소화가스인 할론은 Halogenated Hydrocarbon으로 할로겐화 탄화수소의 약자이다.

① 사용 목적

모든 화재에 사용 가능하며 특히 기름, 전기, 전자 장비의 화재에 사용하는 Type의 소화기이다. 사용 후 흔적이 없어 어느 장비에 사용하여도 아무런 손상을 주지 않아 항공기내에서 매우 적합하다.

② 사용법

- 화재의 근거지로부터 약 2~3m 정도의 거리에서 소화액을 분사토록 한다.
- 소화기를 수직으로 세워 Nozzle을 화재 진원지의 밑쪽을 향하게 한다.
- Lever를 누르고 좌우로 빠르게 움직이며 지속적으로 분사한다.

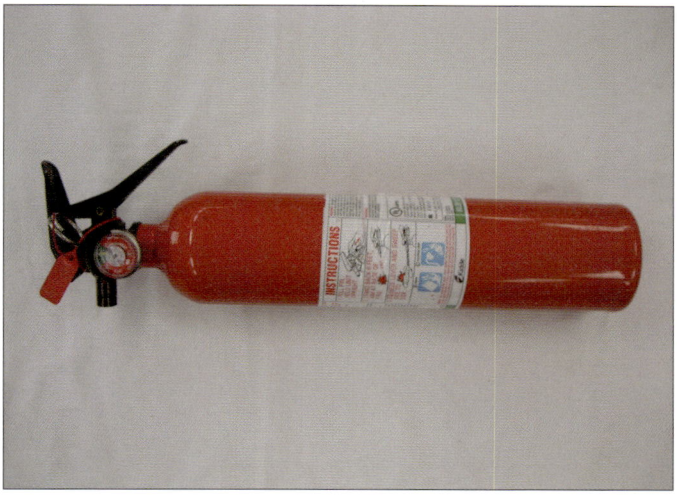

Halon 소화기

③ 소화기의 기능

- 분사시간은 약 10~20초이며, 유효사거리는 약 3m이다.
- Halon 소화기 내에는 액화 Gas가 압축된 상태로 들어 있다.
- 보관 중에는 오작동을 방지하기 위해 Safety Pin이 끼워져 있다.

④ 사용시 주의사항

- 분사의 강도가 강하므로 기름으로 인한 화재시 너무 근거리에서의 분사는 사방으로 흩어질 우려가 있어 삼가해야 한다.
- 분사시간이 짧아 신중히 사용해야 한다.
- 사용시에는 반드시 세워서 사용한다.
- 전기 화재시에는 가능한 한 즉시 전원을 차단한다.
- 사람에게 분사시 질식의 우려가 있어 안면에 분사하지 않도록 조심하여야 한다(진화작업 중 증기나 김을 마시지 않도록 각별히 주의하여야 한다).

(3) 열감지형 소화기

① 사용 용도

열감지 소화기

- 화장실 휴지통 내부의 화재를 자동 진화하기 위해 화장실 내 각 휴지통 상단에 설치되어 있다.

② 소화기의 기능

- 열감지형 소화기의 열감지 Sensor가 섭씨 80도를 감지하면 열감지형 소화기가 자동으로 Halon을 분사함으로써 화재를 진압한다.

2. Protective Breathing Equipment(PBE)

(1) 사용 목적

기내 화재 진압시에 연기나 유독 가스로부터 원활한 호흡과 안면을 보호하며 시야를 확보하기 위해 사용한다.

(2) PBE 기능

주로 Puritan PBE가 사용되고 일부 B737 기종에서는 Scott PBE Type이 있다.

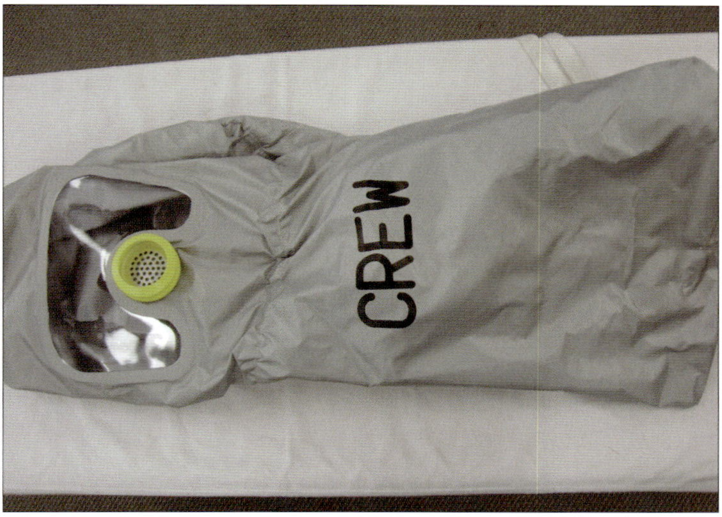

Protective Breathing Equipment

(3) 사용법

① Puritan PBE Type

- PBE를 꺼내어 목부분을 잡아 머리 위로 쓰고 코와 입에 맞춘다.
- 조절 끈(Adjustment Strap)을 당겨 산소를 발생시킨다.
- 조절 끈을 이용하여 마스크를 코와 밀착토록 한다.
- Neck Seal과 목을 완전히 밀착시킨다(이때 머리카락 등이 끼지 않도록 한다).
- 이 장비에는 호흡에 필요한 산소를 공급하는 장치가 설치되어 있다.
- PBE의 Hood에 있는 산소공급을 위한 조절 끈(Adjustment Strap)을 당기면 내쉬는 숨이 산화칼슘(KO_2)과 작용하여 약 15분 정도의 산소가 생성 공급된다.
- 산화칼슘이 소진되면 Hood가 찌그러지며 내부 온도가 급상승되므로 벗어야 한다.

② Scott PBE Type

- PBE를 꺼내 작동 Ring을 당긴다.
- 열려진 Hood를 양손으로 잡아 머리 위로 착용한다.
- Neck Seal을 조절한다,
- Hood를 잡고 Pull To Actuate의 Ring을 당기면 산소가 발생한다.
- 산소 강제방식으로 산소가 발생기를 통해 공급된다. 이때 온도가 상승하나 이는 정상이다.
- 사용시간은 약 15분이며 산소가 공급되는 소리가 멈추면 Hood를 벗어야 한다.

(4) 주의사항

- 사용시간 15분 초과시에는 내부 기온이 상승되므로 신속히 벗어야 한다.
- 인터폰 사용이 가능하며 상대방과 얼굴을 마주보고 대화할 수 있다.

- 귀가 '뻥' 하고 울리며 순간적인 이명 현상이 나타날 수 있다.
- 가벼운 두통이 발생할 수 있다.

3. Circuit Breaker

Circuit Breaker는 Coffee Maker나 Oven 등의 모든 전기시설 장비가 Galley에 있으므로, 만일 전기의 과부하 현상이 발생하면 Circuit Breaker가 튀어나와 전원 공급을 차단시키는 역할을 한다.

주의사항

- Circuit Breaker를 눌러 전원을 재연결하기 전에 기장에게 연락한다.
- 재연결된 Circuit Breaker는 인지할 수 있도록 표시해야 한다.
- Circuit Breaker를 이용한 전원의 재연결은 1회에 한해 가능하다.
- 해당 Circuit Breaker가 다시 튀어나오는 경우 재사용을 금지한다.

Circuit Breaker

4. Smoke Detector

기내 화재방지를 위해 화장실 내 및 Crew Bunk에는 연기 감지용(Smoke Detector)이 설치되어 있다.

연기 감지시 고음의 경고음과 동시에 Smoke Detector 내 Alarm Indicator Light(Red)가 점등되며, 연기가 소멸될 때까지 지속적으로 점등된다.

Smoke Detector

5. 손도끼

각종 Panel 또는 접근이 불가능한 객실 구조물 내부에서 화재 발생시에 화재 진압에 방해가 되는 경우 장애물 제거용으로 사용한다.

단, 항공기에 손상을 주면서 화재를 진압하여야 하는 경우에는 반드시 기장과 협의한 후 사용하여야 한다.

손잡이의 고무는 강력한 전류(약 20,000 볼트)를 방어토록 되어 있다.

초기의 A300시에는 객실에 비치되어 있었으나 기내 난동 및 High Jacking의 도구로 사용 가능성이 높아 안전의 규정상 손도끼는 Cockpit 내에 보관한다.

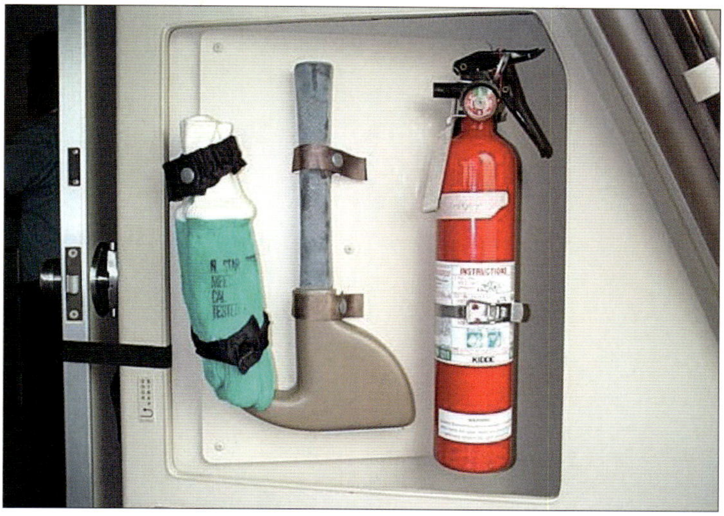

손도끼

6. 석면 장갑(Asbestos Gloves)

불연성 석면을 재료로 사용하여 만든 장갑으로 화재 진압과정에서 뜨거운 물체나 불타는 물체를 잡아야 하는 경우에 사용토록 되어 있으나, Cockpit 내에 있다.

석면 장갑

7. Smoke Goggle

- 연기로부터 시야를 확보하거나 눈을 보호하기 위해 사용한다.
- 유독 Gas와 연기가 발생한 곳에서 PO_2와 함께 효과적으로 사용한다.

8. Smoke Barrier

- A380, B747과 같은 2층 구조의 항공기에 장착되어 있는 것으로 Main Deck Cabin의 화재시 연기가 Stairwell을 통해 올라오는 것을 방지하기 위한 시설물이다.
- Upper Deck 승객의 비상탈출시에 시간의 여유가 있거나 Main Deck에 화재가 발생하지 않았다면 Stairwell을 통해 Main Deck의 비상구를 이용하여 탈출한다.
- Smoke Barrier는 Stairwell 벽의 Decorative Cover 안에 들어 있으며, 필요시 이를 펼쳐 계단 입구를 덮는다. 이런 경우에는 승객과 승무원은 Upper Deck Door를 이용하여 탈출한다.

Barrier

제3절 객실 의료 장비

1. Portable Oxygen Bottle(PO_2 BTL)

(1) 사용 목적

승객 중에 인체 특성에 따라 저고도에서도 산소 결핍증이나 기내에서 갑작스러운 환자 발생에 대비하며 항공기의 여압장치의 고장이나 항공기 동체의 파손 등으로 발생하는 비상 감압의 비상사태시 승무원은 휴대용 산소통을 휴대하고 승객의 안전상태 확인 및 긴급을 필요로 하는 환자의 응급처치를 목적으로 승객에게 산소를 공급하기 위해 탑재되고 있다.

(2) 사용 방법

Portable Oxygen Bottle의 구성은 실린더 밸브와 산소마스크, On/Off Valve, High/Low Position Fitting과 Safety 끈으로 되어 있다.

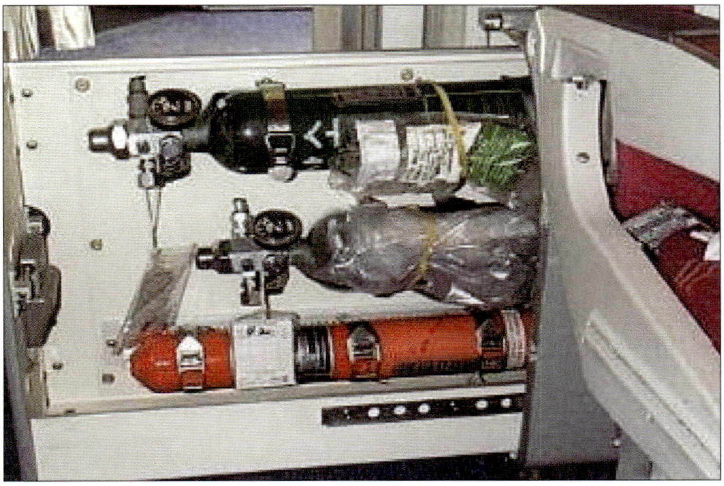

PO_2(Portable Oxygen Bottle)

- 산소마스크 Tube 끝의 Fitting이 Portable Oxygen Bottle의 Outlet에 고정 여부를 확인한다.
- 산소마스크의 Fitting Type은 Twist Type과 Push In Type 2가지가 있다.
  - Twist Type : Po_2 Mask Tube Fitting Inlet을 Po_2의 Outlet에 살짝 누르면서 돌려 고정하는 형태
  - Push In Type : Po_2 Mask Tube Fitting Inlet을 Po_2의 Outlet에 '탁' 소리가 나도록 밀어 넣어 삽입하여 고정하는 형태
- On/Off Valve Lever를 시계 반대방향으로 끝까지 충분히 돌린다.
- 산소가 산소마스크 Tube를 통하여 공급되고 있는가를 확인한다.
- 산소마스크를 코와 입에 대고 고무 Band를 이용하여 머리에 고정시킨다.
- 지속적인 산소 공급이 되고 있는가를 확인한다.
- High Outlet(분당 4리터)은 77분이 공급, Low Outlet(분당 2리터)는 154분이 공급된다.

(3) Portable Oxygen Bottle 취급시 주의사항

- 기름 등과 같은 물질이 접촉하지 않도록 한다.
- 화기를 멀리하여야 한다.
- 조심스럽게 다루어 떨어지지 않도록 한다.

(4) 산소마스크의 종류

① Type 1 : 산소 저장 Bag과 마스크 사이를 손으로 쥐어 산소 저장 Bag이 부풀어 오르는 것으로 확인하는 산소마스크의 Type.

② Type 2 : 산소 저장 Bag의 하단 부분에 Green Area가 부풀어 오르는 것으로 확인하는 산소마스크의 Type.

③ Type 3 : 튜브 중간에 장착된 Indicator가 초록색으로 나타나는 것으로 확인하는 산소마스크의 Type.

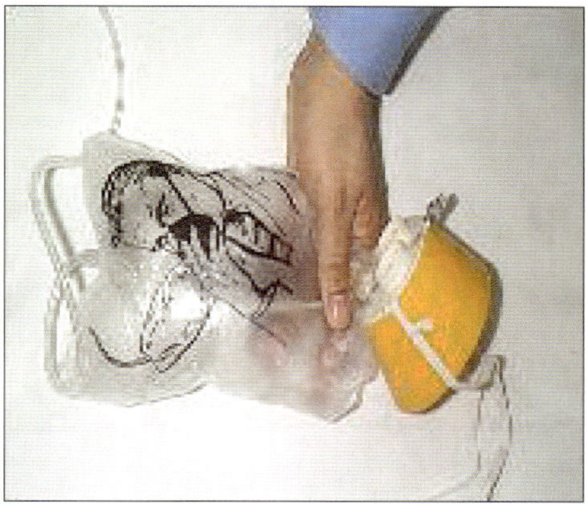

Type 1

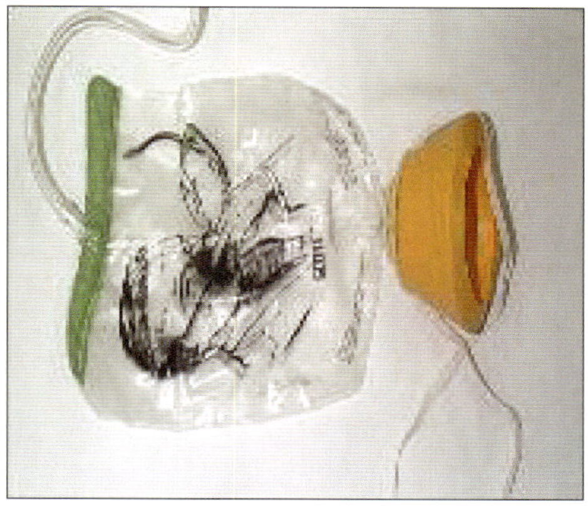

Type 2

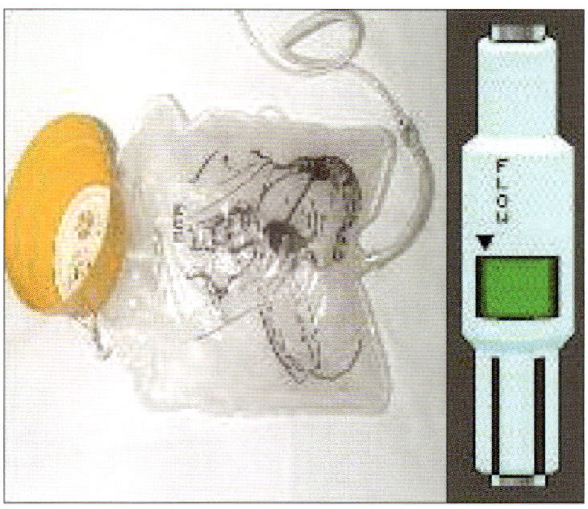

Type 3

2. Medical Bag

비행 중 사용빈도가 높은 의약품으로, 필요시 승객에게 신속히 제공하기 위해 지정된 승무원이 항상 휴대하여야 하며, 내용은 소화제, 두통약, 진통제, 지사제, 일회용 반창고 등의 간단한 구급 상비약이 들어 있다.

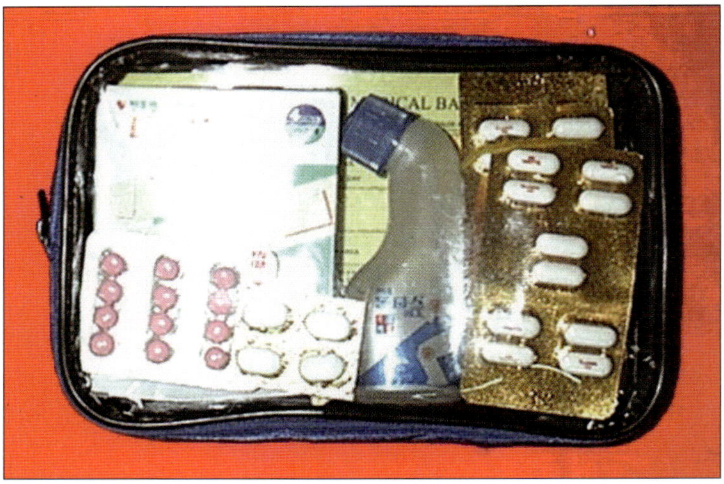

간단한 구급 상비약

3. First Aid Kit(FAK) : 구급 의료함

(1) 사용 목적

- 비행 중 응급상황에 처한 승객의 사고 및 질병을 응급처치하기 위해 탑재된다.
- 항공법에 의해 반드시 탑재토록 규정되어 있다.
- 미연방항공국(FAA) 규정에 의해 승객의 좌석 수에 따라 탑재량이 정해져 있다.
  - 0~50석 : 1개
  - 51~150석 : 2개
  - 151~250석 : 3개
  - 250석 이상 : 4개

(2) 사용 방법

- Seal을 뜯고 사용한다.
- 의사 처방 없이 사용 가능하다. 단, 일부 의약품은 제외한다.
- 사용 후 쓰지 않은 약품은 Kit에 다시 넣어 원래의 위치에 보관하며, 반드시 사용 내용을 기재하여 교체할 수 있도록 한다.

(3) 내용물

- 각종 Bandage
- 외상 치료용 : 붕대 4개, 반창고 2개, 가위 1개(가벼운 외상에 사용한다)
- 지혈용 : 압박붕대 8개, 1회용 반창고 16개, 소독 솜 등
- 골절치료용 : 부목 2개, 삼각건 5개
- 항생연고

(4) 기타

- 사용 전 반드시 기장에게 알려야 한다.
- FAK의 Seal이 뜯어져 있는 경우는 Kit로 간주하지 않아, 비행 전 승무원의 점검이 필요하다.
- 보관을 철저히 해야 하며, 특히 먼지나 습기로부터 안전해야 하고, 승무원이 항상 쉽게 접근할 수 있는 위치에 분산 배치되어야 한다.

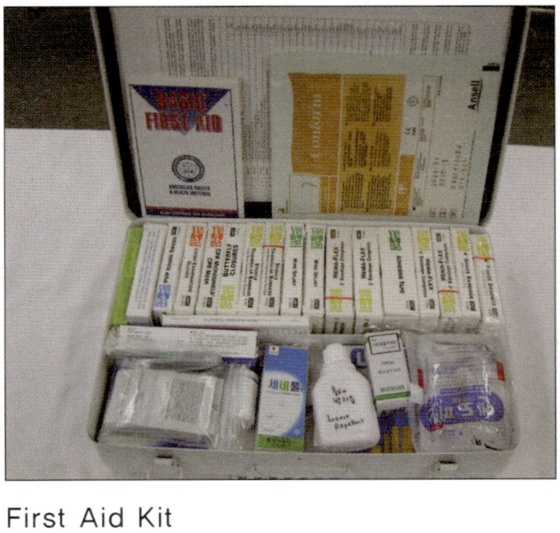

First Aid Kit

4. Emergency Medical Kit(EMK) : 비상 의료함

(1) 사용 목적

비행 중 응급환자 발생시 전문적인 치료를 하기 위한 의료품과 의료기구를 보관한 Kit이다.

이것은 반드시 의사면허를 소지한 자가 사용할 수 있으며, 환자에게 상태를 진단하여 약물을 주사하고 간단한 외과수술 등의 전문성 있는 의사용 진료기구함이다.

(2) 사용 방법

- 환자 발생시 의사의 요청에 의해 Cockpit 내에 보관하고 있는 비상 의료함을 Seal을 제거한 후 사용토록 한다.
  사용 전 반드시 기장에게 보고한다.
- 사용 후에는 진료기록을 3부 작성하여 환자의 신상정보 및 환자의 상태 등을 기록하여 지상의 의료진에게 인계한다.

(3) 내용물

Kit 외부에 내용물의 List가 부착되어 있는지 확인한다.

① 의료 장비

혈압계, 기도 유지 기구, 주사기 및 청진기, 의과용 소독 장갑, 소독 가위, 맥박측정기, 약품 사용설명서 등

② 의약품

각종 주사약제(진통제, 이뇨제, 항알러지제, 안정제, 스테로이드제, 기관지 확장제 등)

(4) 기타

종전에는 한 항공기에 1개의 비상 의료함 탑재가 비치 의무사항이었으나, 이제는 출발편에서의 사용으로 도착편을 대비하여 왕복기준으로 2개가 탑재되고 있다. 또한 이를 Banyan사에서 제작하였다 하여 Banyan Kit라고도 불린다.

특히 먼지나 습기로부터 안전하게 보관을 철저히 해야 한다.

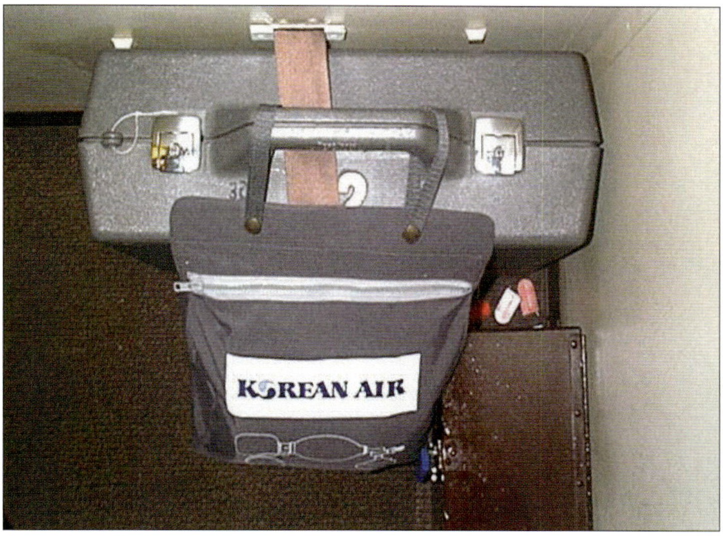

Emergency Medical Kit

5. Automated External Defibrillator(AED) : 자동심실세동기

현재 1980년대부터 모든 항공사에서 심실세동으로 인하여 심장박동이 정지된 환자 발생에 대비하여 즉각적인 대처를 위해 자동심실세동기를 의무적으로 탑재하고 있다. 이는 의사나 반드시 교육을 이수한 승무원만이 사용이 가능하도록 규정되어 있다.

최근 미국에서는 공항, 역, 학교 등의 공공시설에서는 이 장비의 설치가 법제화되어 있다.

또한 우리나라에서도 2008년 6월부터는 응급의료에 관한 법률 개정안 시행으로 공공의료보건기관, 구급차, 공항, 여객항공기, 철도차량의 객차, 총 20톤 이상의 선박 및 다중 이용시설에는 심폐소생을 위해 반드시 자동심실세동기와 같은 응급처치 장비를 의무적으로 갖추어야 한다.

(1) 사용 목적

이는 비행 중 심장이 마비된 환자에게 순간적으로 고압 전기충격을 주어 심장박동을 정상으로 활동할 수 있도록 도와주는 장치이다.

전기충격은 심장마비 발생 후 5~10분 이내 행하며, 빠르면 빠를수록 환자의 회생 가능성이 높다.

(2) 사용 방법

- 덮개를 연다.
- 덮개를 열면 자동적으로 준비상태로 작동되면서 사용법이 음성으로 나온다.
- 손 크기의 접착테이프식의 흰색 패치 2매 중 1매는 오른쪽의 심장 정도의 위치에, 1매는 왼쪽의 복부 근처로 대각선이 되도록 붙인다.
- 기계가 자동적으로 환자의 심전도 상태를 측정한다.
- 해당 환자에 맞추어 기계 스스로가 판단하고 자동적으로 전기충격을 가하면서 작동한다.
- 기계의 음성에 의해 스위치를 누른다.

(3) 주의사항

- 배터리에 의해 작동함으로 반드시 충전상태를 사전 점검하여야 한다.
- 스위치 작동시 환자로부터 떨어져 있어야 한다(감전의 위험이 있다).
- 8세 이상의 승객에게만 사용한다.
- 환자 주위에서의 PO_2 Bottle은 치운다.

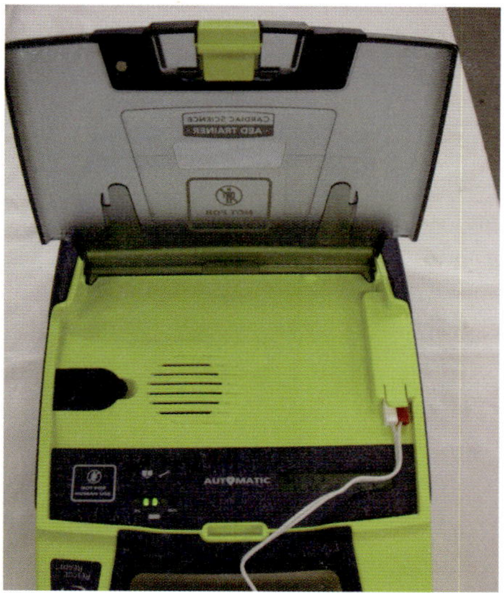

Automated External Defibrillator : 자동심실세동기

6. Universal Precaution Kit(UPK)

- Resuscitator Bag 내에 탑재되어 있다.
- 환자의 체액이나 혈액을 직접 접촉함으로써 발생할 수 있는 오염 가능성을 줄이기 위하여 사용된다.
- 환자의 체액이나 혈액에 의해서 오염된 장비 및 설비를 보관 후 안전하게 폐기하기 위하여 사용된다.
- 객실 내에 위험물이 발견되어 비상처리 절차를 수행할 경우, 오염물 처리용 Bag, 외과 처치용 장갑 등을 이용해서 처리한다.
- 내용물로는 장갑, 오염물 처리 Bag, 알코올 스펀지, 보호 가운, 마스크, 사용서 등이 있다.

7. Resuscitator Bag

- 인공호흡을 실시할 때 사용하는 보조기구로써 환자의 호흡을 유도하고, 산소를 추가적으로 공급하기 위해 사용된다.
- 청진기, 탈지면, 얼음주머니, 혈압계, 압박붕대, 체온계 등이 있다.

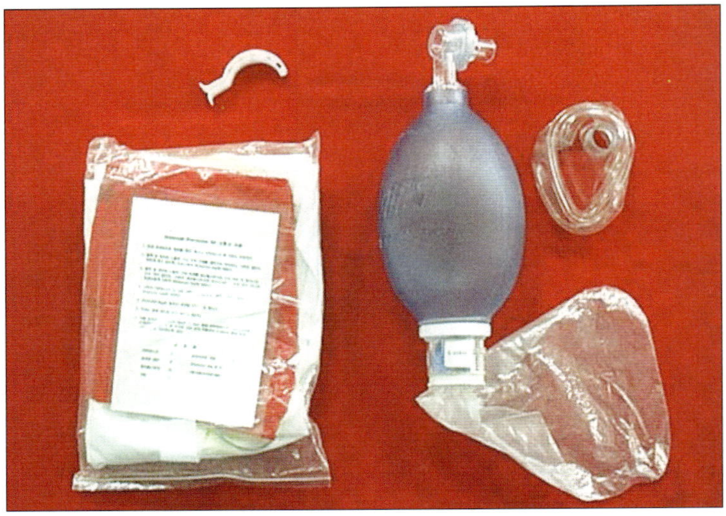

Resuscitator Bag과 Universal Precaution Kit

8. On Board Wheel Chair

국내 항공사는 좁은 Aisle에서 사용할 수 있는 부피가 작고 알루미늄 재질의 가볍고 튼튼한 접이식 On Board Wheel Chair를 기내에 탑재하여, 장애 승객의 항공기 내에서 이동수단으로 활동성과 화장실 사용 등의 기내에서의 이동을 원활하게 하여 좋은 호응을 받고 있다. 전 기종의 탑재화가 규정화되어 있다.

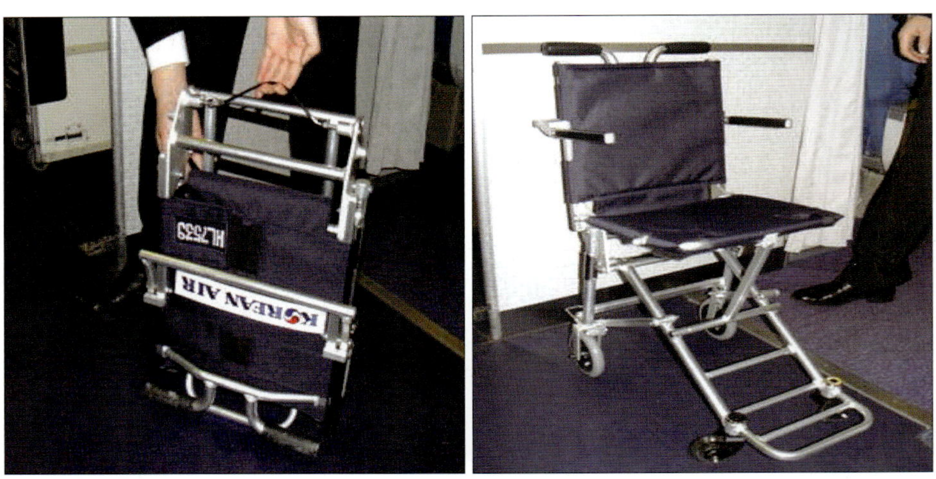

대한항공의 접이식의 Wheel Chair

제4절 객실 보안 장비

1. 보안 탑재 장비

항공기 안전운항에 위해가 되는 기내 난동 승객 처리 및 항공기 Hijacking에 대응하기 위해 기내에 탑재 운영하는데, 항공사별로 약간의 차이는 있으나, 보안 장비로는 전자충격총(Taser), 방폭담요, 방탄조끼, 타이 랩(Tie-Wrap), 포승줄 및 비상벨 등이 특정한 장소에 보관 및 장착되어 있어 유사시 사용하고 있다.

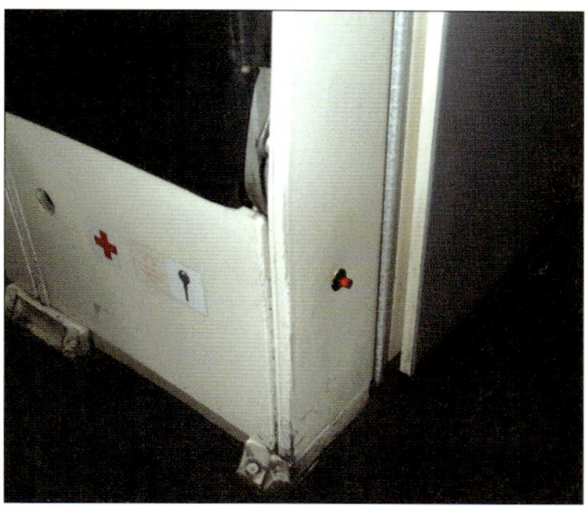

비상벨

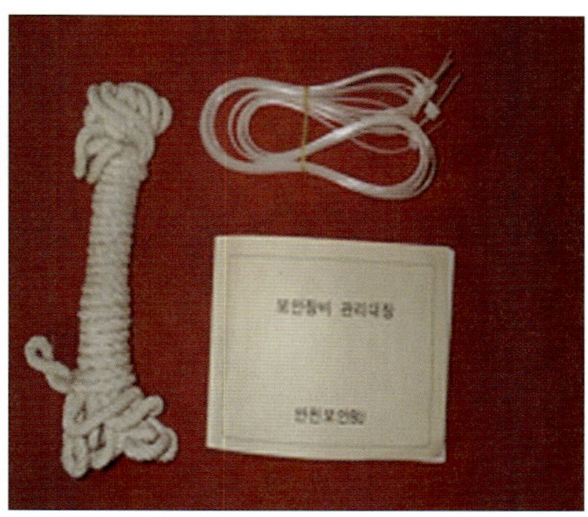

전자 충격총 및 포승줄

2. 조종실 Door

또한 조종석 출입절차 강화 차원에서 조종석 내부에서 외부 출입을 규제하기 위해 출입문 근처를 살필 수 있는 조망경(View Finder) 및 출입문에 코드화된 Pad Lock 잠금장치가 장착되어 있다.

그 외에도 객실 승무원은 반드시 규정에 의한 조종석 출입절차를 통한 후에야 출입문 개방이 규정화 되어 있다.

조종실은 출입이 허용된 자를 제외하고는 누구도 조종실 출입을 할 수 없다.

조망경(ViewFinder)

CHAPTER 2

비행 안전

제2장

비행안전

안전업무가 중시되는 것은 비행 중 발생되는 예기치 못한 사고에 신속히 대처함으로써 커다란 사고를 미연에 방지할 수 있기 때문이다.

일상적인 안전업무는 객실 승무원이 항공기 탑승근무를 수행하면서 승객과 승무원의 안전을 위하여 평상시 수행하는 제반 안전업무를 뜻하며, 비상 안전업무는 비상사태 발생시 대처하는 업무를 말한다.

안전업무는 비행 전 안전업무와 비행 중 안전업무로 구분하여 설명하기로 한다.

제1절 비행 전 안전업무

1. 비행 전 점검(Pre-Flight Check)

항공기 사고를 사전에 방지하며, 비상시 신속히 대처하기 위한 각종 비상 장비, 객실 시스템 및 기내 설비의 점검을 말한다.

(1) 비상 장비

① 일반 장비 및 비상 탈출 장비

- LIFE VEST : 승객 좌석 주변에 정위치 존재 여부 확인
- FLASH LIGHT : 정위치, Indicator Light 작동 여부
- ELT : 정위치, 보관상태(포장 여부)
- Megaphone : 정위치, 고정상태 여부, 작동 여부

② 화재 장비

- 소화기 : 정위치, 소화기 종류, Seal 상태 여부, 압력 Gauge 상태
- Protective Breathing Equipment(PBE) : 정위치, 보관상태(포장 여부)
- Smoke Detector : 작동 여부(Test Switch를 이용)

③ 의료 장비

- PO_2 Bottle : 정위치, Mask의 연결 여부, Tube 상태, 압력 Gauge
- Medical Bag : 내용 및 수량
- First Aid Kit : 정위치, Seal 상태
- Emergency Medical Kit : 정위치, Seal 상태
- Resuscitator Bag, Universal Precaution Kit : 정위치 및 내용물 확인
- Automated External Defibrillator : 정위치 및 배터리 상태
- Wheel Chair : 정위치

④ 보안 장비

- 비상벨 : 위치 및 사용법 숙지
- 전기 충격총(Taser) : 보관 위치 및 사용법 숙지

(2) 점검사항

비상장비의 세부적인 점검사항은 다음과 같다.

- Cabin Lighting : 작동여부 및 조절기능 점검
- Communications System : Public Address 및 Interphone의 사용법 숙지 및 Volume 상태 여부
- Emergency Light Switch : 작동 여부, Light의 Lamp 상태 및 조명도
- Evacuation Command Switch : 작동 여부(Horn의 작동)
- Prerecorded Announcement : 작동 여부

(3) 기내 설비

- Door : Slide Mode, Locking 상태, 압력 Gauge
- Galley 장비 : 정상 작동 여부 및 인화성 물질 여부
- Over Head Bin : 비행에 부적합한 유해물질 탑재 여부
- Lavatory : 화장실 내 Locking 상태 여부 확인, 유해물질 탑재 여부
- 승객 좌석 : Seat Belt, 구명복 탑재 여부
- Safety Strap

2. 승객 탑승시 점검

승객의 수하물은 크게 나누어 승객이 항공기 내로 휴대하는 휴대수하물과 Check-In시 화물로 탁송되는 위탁수하물로 구분한다.

무엇보다도 승객 탑승시에 중점화되는 것은 승객의 휴대수하물이다. 비상사태 발생시에 승객의 과대 수하물은 비상구나 통로를 막아 커다란 피해를 초래할 뿐만 아니라 신속한 탈출에 방해가 되며, 기상 악화로 인한 Turbulence를 만났을 때 승객의 부상 요인을 가지고 있어 규정에 맞는 휴대수하물만 반입하고 있다.

(1) 휴대수하물

① 기내 반입이 허용된 품목

- 1인의 1개의 수하물(가로, 세로, 높이의 합이 115cm 이내)
- 서류 가방이나 여성의 Hand Bag

- 유아용 요람, 소형의 악기 등

  종전에는 장애인용의 Wheel Chair는 기내 반입되었으나, 현재는 항공기 입구까지 사용 후 기내 Wheel Chair로 바꾸어 사용하고, 승객용은 위탁수하물로 탁송 후, 목적지에서 제일 먼저 항공기 입구에 사전 준비토록 하고 있다.
- 개인사용 목적으로 휴대용 라이터 및 성냥 1개 이내의 휴대가 가능하나 딱성냥은 불가능하다.
- 의료용 수은 체온계는 케이스에 보관되어 있는 경우의 1개는 가능하다.

② 기내 반입이 규제된 품목이나 위탁수하물이 가능한 품목

이는 반드시 운송 전 사전 허가를 받아야 한다.

- 허가증 소지자의 총기류, 도검류
- 애완용 Pet 이외의 동물류

③ 기내 반입 제한품목(SRI : Safety Restricted Item)

출발 수속 중 보안검색을 통해 발견된 안전 및 보안을 위해할 가능성이 있는 물품으로써 기내 반입이 불가한 품목을 말한다.

기타 안전상의 이유로 폭발성 물질, 인화성 액체, 액화/고체 Gas, 독극물, 전염성 물질 등은 위탁수하물이나 휴대수하물로 불가하다.

9·11 테러사건 이후로는 휴대수하물에 대하여 더욱더 강력하게 제한하고 있다. 이에 따라 2007년 3월 1일부터는 모든 국제선에 용기당 100ml 초과 액체류(치약, 음료수, 젤 또는 Spray 등의 화장품)에 대하여는 휴대수하물로는 불가능하여 반드시 Check-In시에 위탁수하물로 탁송하여야 한다.

단, 용기당 100ml 미만의 액체류는 1인 1개에 한하여 투명한 비닐에 넣어 별도의 X-Ray 검색을 받아야 한다.

미국, 캐나다, EU, 호주, 뉴질랜드에서 환승되는 승객은 용기당 100ml 미만의 액체류는 1인 1개에 한하여 Tamper-Evident Bag이 아닌 투명한 비닐 1L에 넣어서 다음 비행기에 반입이 가능하다.

한국에서는 미국과 호주로 가는 승객을 제외하고는 Tamper-Evident Bag을 사용하여도 무방하다.

심지어 항공기 내에서 액체류의 면세품도 인도, 일본, 대만, 몽골은 구입도 제한하고 있다.

- 도검류 : 날이 있는 금속성의 칼, 종이 커터, 주머니 칼
- 가위, 송곳, 톱, 손톱깎이
- 골프채
- 건전지(Notebook, MP3, 카메라, CD Player에 부착되어 있는 것은 제외)

  상기 품목은 위탁수하물의 탁송은 가능하다.

④ 운송 불가 품목

항공운송 중 위험을 초래할 수 있는 품목으로 승객과 승무원의 안전을 저해하는 물품은 기내 반입 또는 위탁수하물로 탁송이 금지되어 있다.

- 폭발성 물질(화약, 폭죽 등)
- 산화성 물질(질산, 염소산 등)
- 인화성 물질(압축 Gas 등)
- 산화제(표백제 등)
- 독성 및 전염성 물질(독극물, 최류 Gas 등)
- 방사성 물질
- 부식성 물질(염산, 황산, 질산, 수은 등)
- 기타(포르말린, 자석류 등)

⑤ 휴대수하물 처리절차

- 기내 반입이 허용되지 않는 품목이나 규격 초과 수하물에 대해서는 항공기 탑승 전 지상 직원이나 항공기 입구에서 객실 승무원이 적극 제지한다.
- 기내 반입된 수하물은 가벼운 것은 Overhead Bin에 보관하고 무거운 것은 좌석 밑에 보관하며, 부피가 큰 것은 Coat Room 또는 Restraint Bar가 설치된 좌석 밑에 보관하며 그 상태를 철저히 확인한다.

- 기내 반입된 수하물은 승객의 부상을 유발하거나 비상시를 대비하여 어떠한 경우에도 비상구나 통로에 방치해서는 안 된다.
- 휴대수하물은 승객이 직접 관리하며 분실이나 파손에 대해서는 책임을 지지 않는다.

3. 승객의 Seatbelt 점검

항공기의 이 · 착륙시는 물론 비행 중에 급작스러운 난기류에 의한 Turbulence에 대비하여 항상 착석시에는 좌석벨트를 착용하여야 안전하다.

- 좌석벨트 Sign이 On되면 객실 승무원은 반드시 전 승객의 좌석벨트 착용 여부를 점검 및 확인해야 한다.
- 좌석벨트 Sign이 Off되더라도 만약의 사태에 대비, 상시 벨트착용 안내방송을 실시한다.
- 어린이는 베개나 모포를 이용하여 몸에 맞게 매도록 한다.
- 유아는 보호자가 좌석벨트를 착용하고 유아는 벨트 밖으로 하여 안아야 한다.

4. 이 · 착륙 전 점검

항공기 이 · 착륙시는 사고의 위험이 가장 많을 뿐 아니라 기체의 동요도 가장 심한 시점이다. 따라서 객실 승무원은 이 · 착륙 전 각종 확인사항을 담당 구역별로 철저히 점검하여 만약의 사태에 대비하여야 한다.

- 승객의 착석 여부, 좌석벨트 착용 여부, 화장실 내 승객 잔류 여부
- 객실 및 Galley 내의 유동물을 고정시킨다.
  (Overhead Bin 닫힘 상태, Cart, Compartment, Curtain)
- 수하물의 정위치 여부(비상구, 통로의 Clear 상태)
- 화장실 내의 시설물 고정 및 점검

- 객실 조명 조절

  객실의 조명은 비행 중 객실의 상황에 따라 조정이 가능하며, 비상시 외부 환경 적응에 즉각 대응하도록 안정성을 고려한 것이다.

  객실 조명 Control은 사무장이 주관하며, 시점별로 객실의 조명상태를 유지한다.

***** 항공기의 객실 조명은 Full Bright, Dim, Off 3단계로 구분되어 있다.

Full Bright : 승객의 탑승 및 하기, 식사 서비스

Dim : 이륙 전, 착륙 전, 장거리 비행시 휴식 후 2nd 서비스 시작 전

Off : 승객 휴식 및 영화 상영

객실 조명 조절 때에는 급작스러운 조절은 피하고 계단식의 조명 연출이 필요하다.

Critical 11 : 항공기는 이륙 3분과 착륙 8분 동안이 전체 사고의 78%를 차지하는 위험성을 가지고 있는 결정적 순간을 뜻한다.

30 Seconds Review

항공기 이·착륙시에 만일의 비상사태를 가상하여 자신이 취해야 할 행동을 30초 동안 머릿속으로 액션 시나리오를 가상하여 Review 하는 것을 말한다.

1) 충격방지자세의 명령(Brace for Impact)

비상시 승객의 위험을 최소화하기 위해 머리와 몸을 숙이는 자세를 취한다.

2) 승객의 통제(Passenger Control)

비상사태시의 어두운 객실, 연락두절 등의 가상의 기내상황을 설정하고 적절한 Shouting 실시로 승무원 지시에 응할 수 있게 일련의 조치를 생각한다.

3) 판단 및 조정(Judgement & Coordination)

How to open the door? 및 비상 장비 위치, 도움이 필요한 사람 기타 등

4) 대피(Evacuation)

비상구 개방 후 승객들을 효과적으로 탈출시킬 것인가에 대한 방법과 절차를 생각한다.

제2절 비행 중 안전업무

1. 전자기기 사용제한

「항공법」 제61조의2 및 「항공법 시행규칙」 제203조에 의거, 항공기의 항행 및 통신장비에 대한 전자파 간섭 등의 영향을 방지하기 위해 여객이 휴대한 전자기기의 기내 사용을 제한할 수 있다. 이는 항공기 통신기기의 주파수 간섭으로 항공장비 오작동이 우려됨으로써 안전운항에 저해요인이 되므로 항공기 이 · 착륙시에 사용을 금지하도록 하고 있다.

(1) 사용금지 품목

휴대용 TV 수신기, AM/FM Radio, Wireless Control 장난감, 송수신 무전기, 무선 마우스와 같은 PC, 주변기기 등

(2) 비행 중 사용가능 품목

개인용 컴퓨터, Video Camera, CD Player, MP3, 게임기 등(단, 이 · 착륙시에는 사용금지)

(3) 상시 사용가능 품목

전자손목시계, 인공호흡기, 인공심장박동기, 보청기와 같은 개인 휴대용 생명 보조장치 등

(4) 특별 예외사항

- 항공기가 주기하고 있고 항공기 Door가 열려 있는 경우에는 휴대전화기, Computer 및 PDA 등의 무선 모뎀(무선 랜, 무선 랜 카드) 장치를 사용할 수 있다.

- 항공기 내에 장착되어 있는 Internet System은 무선 랜, 무선 랜 카드가 구비된 Personal Computer를 운항 중 사용할 수 있다.

(5) 공급장치(ISPS : In Seat Power Supply)

- 종전의 항공기에서의 전자기기는 휴대용 Battery를 이용하여 전원을 공급받아 사용할 수 있었으나, 신기종의 항공기에는 기내 전원 System이 장착되어 승객의 Personal Computer 등 휴대용 전자기기를 사용할 수 있게 되어 있다.

  노트북 컴퓨터에 ISPS 이용하여 전원공급 시에는 반드시 Battery를 분리하여야 하며, Battery를 이용하여 전원을 연결하거나 충전할 경우 폭발의 위험이 있어 승객에게 공지하여야 한다.
- 중동지역의 최대 항공사인 에미레이트(EK) 항공은 2008년 3월 20일, 두바이 출발 카사브랑카 도착 A340-300 기종에서 기내 중계기를 통해 휴대전화의 전파 발생을 최소화하여 세계 최초로 기내에서 휴대전화 통화 서비스를 상용화하였다. 하지만 타 승객의 서비스 차원에서 사용횟수와 야간 사용 등의 제한을 두고 있다.

2. 기내 금연 및 음주 제한

(1) 기내 흡연

- 모든 항공기 내에서의 흡연은 「항공안전 및 보안에 관한 법률」로 금지되어 있다.

  기내 흡연은 기내 화재로 이어질 수 있는 위험한 행위이며, 승객의 안락한 여행을 방해하는 행위이다.

  상기 법에 의해 기내 흡연은 500만원 이하의 벌금에 해당한다.
- 따라서 객실 승무원은 화재예방을 위하여 수시로 화장실 내에서 흡연을 엄격히 규제하여야 하며, 흡연자는 금연규정에 위배되어 기장과 협의하여 형사상의 문책을 받도록 한다.

- 최초 적발시 : 경고장 제시 및 경찰 인계에 대한 강력 경고, 모든 승무원의 정보 공유
- 재흡연 시도시 : 항공기 도착 후 경찰에 반드시 인계

(2) 음주 제한

객실 승무원은 다음과 같은 승객에게는 알코올 음료를 제공하여서는 안 된다. 그 대상 및 기준은 다음과 같다.

① 대상자

- 항공기 탑승 전에 이미 만취된 승객
- 비행 중에 계속된 음주로 만취된 승객
- 범죄인 또는 이를 호송하는 호송관
- 제복을 입은 항공사 직원
- 19세 미만의 미성년 승객

② 과음 판단의 기준

- 어눌하거나 큰 소리로 대화를 하는 경우
- 정상적인 자세를 유지 못하는 경우
- 대화나 호흡시 술 냄새가 나는 경우
- 다른 승객에게 피해를 끼치는 행동을 하는 경우
- 승무원의 지시를 거부하거나 업무를 방해하는 경우
- 기타

3. Turbulence(기체 요동)

지형의 영향과 높은 산, 지표면의 열적 특성에 의한 공기의 상승으로 난기류가 발생하여 불안정한 지역을 통과할 때에는 기체 요동이 발생한다.

이런 급작스러운 난기류로 인해 각 항공사는 승객과 승무원의 부상이 발생하는 사례가 종종 발생하고 있다.

따라서 승무원은 승객에게 착석시에는 Fasten Seat Belt Sign의 점등과 관계없이 좌석에 앉아 있는 동안에는 항시 좌석벨트를 상시 착용할 것을 안내방송을 하여야 한다.

미착용시에는 Seat Belt를 매도록 권유한다.

기체 요동에는 Light Turbulence, Moderate Turbulence, Severe Turbulence로 구분한다.

(1) 'Seat Belt 상시 착용' 방송 실시

Turbulence 발생시 사고를 최소화할 수 있는 최선의 방법은 무엇보다도 Seat Belt 착용이다.

승무원은 승객의 안전을 위해 반드시 방송을 실시하여야 한다.

(2) 'Seat Belt Sign' On

- 'Seat Belt Sign On' 이 되면 PA를 하기에 가장 신속한 승무원이 즉시 안내방송을 실시한다.
- Cabin을 이동하는 승객, 화장실 이용 승객은 즉시 좌석으로 돌아가 Seat Belt를 착용토록 한다.
- Seat Belt 미착용으로 취침 중인 승객은 깨워서 착용토록 한다.
- 객실 사무장은 Turbulence 강도, 예상 지속시간, 주기 등을 문의하여 서비스 및 기타 활동에 대해 결정한다.
- Seat Belt Check를 위해 조명을 조절한다.

(3) 행동지침

기체 요동의 강도에 따라 행동지침을 살펴본다.

① Light Turbulence

- 현상 : – Cup의 음료수가 찰랑거리는 정도

- Cart 움직이기가 약간 어렵다.
- Fasten Seat Belt Sign을 1회 On-Off 한다.

② Moderate Turbulence

- 현상 : - Cup의 음료수가 넘치는 정도
  - 기내 보행이 어려워진다.
- 지속적인 현상이면 서비스를 중단한다.
- 화장실 이용 승객은 즉시 좌석으로 돌아가 Seat Belt 착용토록 한다.
- Fasten Seat Belt Sign을 2회 On-Off, 또는 PA를 통해 방송한다.

③ Severe Turbulence

- Cup이 바닥으로 떨어진다.
- 서비스 하던 모든 Cart 등을 원위치에 고정하고 서비스를 즉각 중단한다.
- 시간이 없이 발생하였을 때에는 다음과 같다.
  - 뜨거운 Coffee나 Tea 서비스 때에는 Pot를 바닥에 내려놓는다.
  - 승객의 Seat Belt 착용을 무리하게 하지 말고 가까운 빈 좌석에 앉는다.
  - Cart가 있을 때에는 반드시 앉고 잡고 있어야 한다.
- Fasten Seat Belt Sign을 2회 On-Off, 또는 PA를 통해 방송한다.

Clear Air Turbulence

- 지구의 북반구를 감싸고 도는 강한 서풍인 Jet Stream의 영향으로 주변보다 공기밀도가 낮은 공간에 발생하는 난기류를 말하며, 예측이 불가능하여 조우시에 수직으로 항공기 전체가 낙하현상이 발생하여 큰 피해를 입게 된다. 그래서 좌석에 앉아 있는 동안에 반드시 Seat Belt를 매고 있어야 하는 이유이다.

4. 기내업무 방해 행위 대처(Acts of Unlawful Interference)

승객의 안전과 비행 안전을 저해하거나 위협하는 행위 또는 승무원의 정당한 업무를 방해하는 일체의 행위자에 대한 대응책으로 제도적 절차와 법적 근거 규정이 항공법에 명시되어 있다.

기내 난동행위에 대한 대처요령은 다음과 같다.

(1) 기내업무 방해 행위

① 정의

- 승객의 기내업무 방해 행위는 승무원의 정당한 직무집행을 방해하거나 항공기 내에서 승무원과 탑승객의 안전한 운항이나 여행을 위협하는 일체의 행위를 말한다.
- 항공안전 및 보안에 관한 법률 제23조(승객의 안전유지협조의무)를 위반하는 모든 위법행위를 포함한다.
- 위법 행위를 저지른 승객에 관한 재판권은 원칙적으로 항공기 등록지국에 재판 관할권이 있다. 또한 항공기 착륙국에도 경합적으로 재판 관할권이 생기게 된다.

② 처벌

- 욕설, 흡연, 음주, 약물, 성추행, 전자기기의 사용 : 500만원 이하의 벌금형
- 기장의 승낙 없이 조종실 출입을 기도한 자 : 1,000만원 이하의 벌금 및 1년 이하의 징역
- 항공기를 점거하거나 항공기 안에서 농성하는 자 : 2,000만원 이하의 벌금 및 3년 이하의 징역
- 폭행, 협박 또는 위계로서 기장 등의 정당한 직무를 방해하여 승객의 안전한 운행이나 여행을 위험에 초래케 한 자 : 10년 이하의 징역

(2) 기내 업무 방해 행위 유형

① 유형1 : 공격적이나 설득 가능

- 종류 : 항공기 지연운항, 좌석 불만, 타승객과의 불만
- 불만요인 해결이 가능하다.

② 유형2 : 공격적이며 대화가 어려움

- 종류 : 전자기기 사용규정 위반, 흡연, 만취 난동, 승객과의 싸움, 성추행, 폭언, 제반 규정위반 등
- 승무원이 개입해야 해결 가능성이 있다.

③ 유형3 : 범법자의 징후

- 종류 : 승무원 및 승객에게 신체적 상해행위, 위협행위, 기내설비 및 시스템 파괴행위, 허가 없이 기내 반입한 무기류의 휴대
- 안전을 저해하며 범죄적 성격이 농후하다.

(3) 승무원의 대응절차

① 1단계 : 설득과 요청

- 현재의 행동이 규정 위반임을 주지하며 행위 중지를 요청한다.
- 이 때 중단시에는 더 이상의 조치사항은 없다.

② 2단계 : 경고

- 1단계 후에도 위반 행위를 계속할 때에는 위반 규정을 설명하고 구두 경고나 경고장을 제시하며 사법처리 될 수 있음을 경고한다.
- 기내업무 방해 행위 발생보고서를 작성한다.

③ 3단계 : 강력 대응

- 2단계까지도 불응시는 기내 비치된 구금 장비를 이용하여 구금 조치하고 필요시에는 승객과 격리 조치한다.
- 도착지 공항에 경찰을 요청한다.

CHAPTER

3

비상 사태

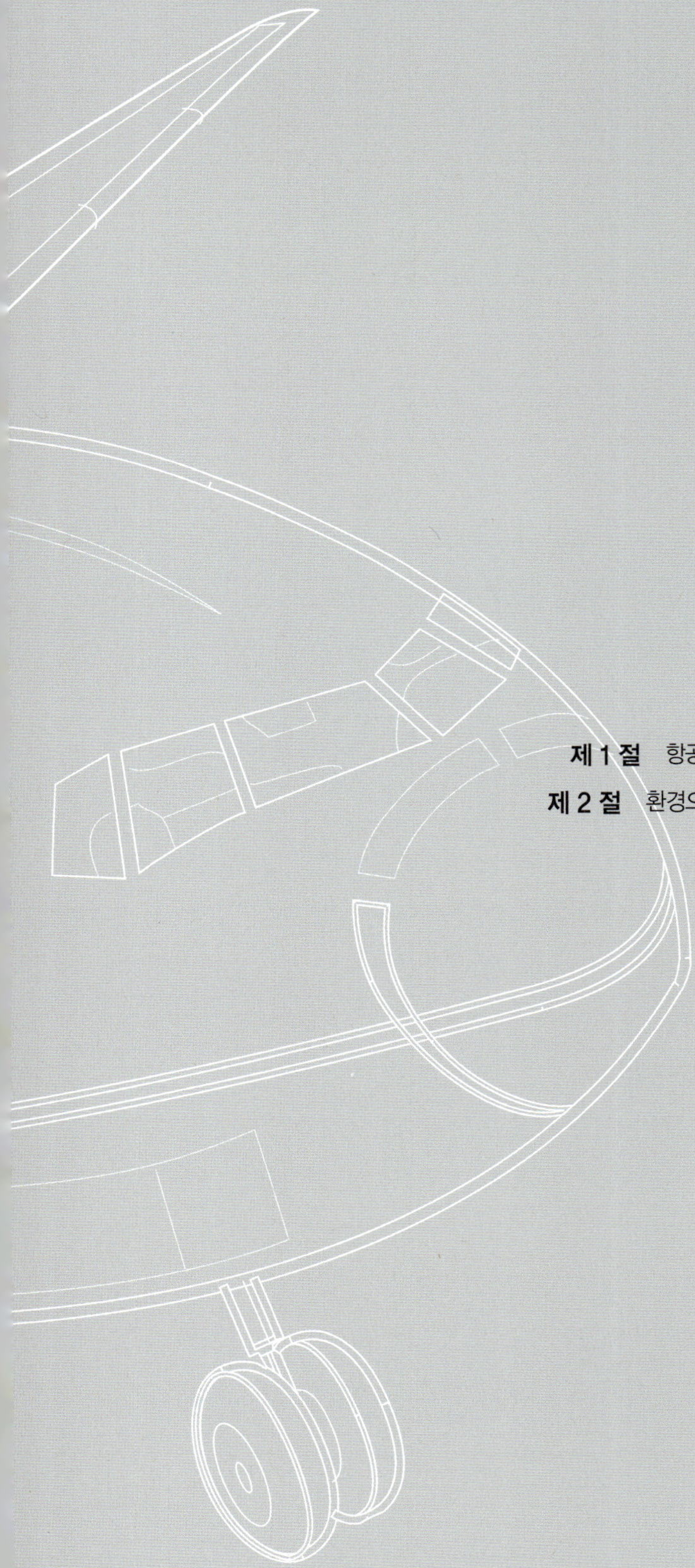

제3장

비상사태

항공기의 비상사태란, 항공기가 비상사태를 유발하는 원인으로는 항공 승무원에 의한 인적 요인, 기체의 중대한 결함의 엔진 관련 문제 및 고장으로 인한 기계적 요인, 기상 관련 Turbulence, 화재 및 감압사태 등에 의한 환경적 요인 등의 돌발적인 비상사태로 더 이상의 운항이 불가능하다고 판단하여 긴급하게 육상에 착륙하는 것을 비상착륙(Emergency Landing)이라 하며, 긴급히 바다, 강, 호수 등에 착륙하는 것을 비상 착수(Ditching)라고 한다.

비상 착륙에는 준비되어 있는 상태(Anticipated)와 준비되어 있지 않은 상태(Unanticipated)가 있어 승무원은 상황에 따라 대처요령을 숙지하여야 한다.

준비된 상태의 비상 착륙은 항공기, 승무원, 승객 및 공항까지도 모든 비상 착륙에 대한 사전 준비를 실시할 시간적 여유가 있을 경우로 승무원은 승객에게 비상사태에 대한 안내를 할 수 있다는 것이다.

준비된 비상 착수는 탈출 후 수면 위라는 것 외에는 유사하다.

준비되어 있지 않은 상태는 비상사태에 대한 대비가 전혀 없는 상태로 발생하며, 주로 이 · 착륙시에 일어난다.

비상사태의 원인 유형

- 항공 승무원의 오판이나 기기 조작 및 기타 인적 요인
- 비상 착륙, 착수
- 감압
- 객실 내의 연기 및 화재
- Hijacking
- 폭탄 위협
- Turbulence
- 생화학 무기의 발견

비상사태시 승무원과 승객을 위해 기본원칙에 의한 비상사태 처리절차가 수립된다.

- 충격으로부터의 생존(Survive The Impact)
- 항공기로부터의 탈출(Escape The Aircraft)
- 환경으로부터의 생존(Survive The Elements)

비상사태 처리절차의 비상 착륙시나 비상 착수시는 기본적으로는 동일하나, 비상착수는 안정성이 취약한 수면 위에서 생존해야 하는 문제가 배가된다.

인적 요인의 발생요소

- 경험 및 능력 부족
- 주의력 저하
- 무의적인 습관적 행동
- 규정 및 절차 무시
- 지나친 자신감
- 대처의 지연
- 정신적 불안정 및 당황

제1절 항공기로부터의 탈출(Escape The Aircraft)

항공기로부터의 탈출을 위해 취하는 행동과 연관되어 충격으로부터의 생존(Survive The Impact)을 위한 충격방지자세(Brace for Impact)를 같이 다루기로 한다.

Emergency 발생시 객실상황과 객실 승무원의 기본자세 및 준비절차는 다음과 같다.

1. 비상사태 일반 대처방안

(1) Emergency 발생시 객실상황

① 승객의 동요 : 비상사태의 발생은 승객의 인지로 불안감으로 혼란이 야기된다. 승객의 동요가 크면 클수록 승무원의 대처에 많은 지장을 준다.

② 암흑 상태의 객실 : 항공기 전원 공급 중단으로 캄캄해진다.

③ Communication의 두절 : Interphone 및 PA System의 작동 불능으로 승무원 간의 상호 연락수단이 두절되어 승객 통제의 난관

④ 유독 Gas의 발생 : 화재 발생의 경우에는 불연성 재질의 객실 항공기에서는 유독 Gas가 많이 발생하여 치명적인 위협이 되며 승객의 혼란을 가중시킨다.

⑤ 기타 : 화재 등으로 갑작스럽게 한 곳으로의 승객 몰림 현상으로 항공기 Weight & Balance의 불균형으로 항공기 Control의 문제로 위험한 사태가 발생되며, 비상 착륙으로 인한 항공기의 파손(Door 및 Landing Gear 등)으로 Door의 Open이나 Slide를 사용할 수 없는 경우가 발생한다.

(2) 승무원이 취할 기본 자세

① 침착해야 한다.

돌발사태에 무엇보다도 객실 승무원에게 요구되는 것은 침착이다.

객실 승무원은 비상사태에 주도적으로 대처해야 할 책임이 있어 훈련 받은 대로 사태에 대처해야 한다.

② 지휘계통의 명령에 따른다.

지휘계통의 명령에 따라 일사불란하게 움직인다.

지휘계통의 명령

- 기장(PIC Pilot in Command)
- 검열 기장(Designated Line Check Pilot)
- 교대 기장(Augmented/Relief Captain)
- 부기장(Flight Officer)
- Extra 기장(Extra Captain)
- 사무장
- 객실 승무원(직책 우선, 상위 직급 우선)

③ 선 조치, 후 보고

비상사태 발생은 지휘계통에 따라 즉시 보고하는 것이 원칙이나, 화재의 초기 단계나 즉각적인 조치가 필요한 경우는 우선 조치 후 보고한다.

④ 승객을 완전히 통제, 장악해야 한다.

승객의 동요는 사태 해결에 가장 큰 장애요소이므로 안전을 위해 초기 단계에서 완전히 통제, 장악해야 한다.

⑤ 판단력을 발휘해야 한다.

비상사태나 비상탈출은 상황에 따라 각양각색이다. 따라서 Manual은 없기에 평소 훈련에 의해 각 상황에 대처 방안을 강구하여야 한다.

⑥ 승객의 안전을 최우선으로 한다.

승객의 생명과 안전을 위하는 것이 객실 승무원의 책임이다.

2. 탈출절차

(1) 의사소통 및 협의(Communicate And Coordinate)

무엇보다도 준비시간이 충분한가 또는 부족한가를 결정하는 요소가 중요하다. 이에 다음과 같은 사항을 먼저 기장으로부터 파악하여야 한다.

① 객실 사무장과 기장의 브리핑 실시

- 비상사태 유형을 파악한다.
- 비상탈출 준비 가능 시간 및 잔여 시간을 알려 준다.
- 충격방지자세 신호 내용방법 및 신호자를 선정한다.
  - Fasten Seatbelt Sign을 4번 울린다.
  - PA를 이용하여 '충격방지자세' 라고 한다.
- 비상탈출 신호 내용 및 신호자
  - PA를 사용한다.
  - 비상탈출 신호음(Evacuation Horn)을 작동시킨다.
- 기타 특기사항
- 기장의 객실 사무장 긴급 호출

〈PA : "Purser, contact cockpit immediately"〉

② 사무장의 Briefing

- 전 객실 승무원에게 기장으로부터의 정보사항 공유
  - 기장으로부터의 비상 착륙까지의 잔여시간
  - 비상사태 유형 : 객실 승무원이 구체적인 문제점을 사전에 파악하여 객실 준비를 하는데 도움을 얻는다.
  - 충격방지자세 신호방법
  - 탈출 신호방법
- 비상사태 유형 및 준비 가능 시간을 고려하여 객실 준비절차 수립

- 신속한 탈출 준비를 위한 승무원간 상호 협의
- 기타 파악 : 탑승객 수, 승객 좌석 위치, 특수 승객 등
- 확인 후 객실 사무장에게 Thumb-Up Signal로 알림

③ 승객 브리핑(Brief Passengers)

객실 사무장은 안내방송을 통하여 전달하거나 담당 승무원이 분담하여 실시한다.

- 승객의 주의를 집중시킨다.
- 좌석벨트를 착용토록 한다.
- 좌석 등받이, Tray Table, 개인용 모니터 등을 원위치
- 비상탈출구의 위치와 비상등을 확인시킨다.
  (대체 비상구도 확인토록 한다)
- 준비시간이 충분한 경우에는 객실 사무장은 PA를 통하여 안내방송문에 의하여 실시한다.
- 승객에게 충격방지자세 시범 및 안내 설명한다.
- 각 승무원들은 승객들에게 Demo를 실시하고 Demo후 승객들의 Safety Information Card 내용의 숙지 상태를 확인한다.
- Catering Item 수거 및 보관(Meal Tray, Cup, Glass 등)
- 위해물품 제거 및 수하물 정리 보관 및 날카로운 물건을 제거토록 한다.
  - 승객과 승무원 부상 방지
  - 탈출과정에서 Slide(/Raft) 손상 가능성 사전 방지
- 구명복을 착용한다(비상 착수시). 단, 기내에서는 부풀지 않도록 설명한다.
  - 탈출시에 구명복이 파손될 수 있다.
  - 충격방지 자세를 취하기 어렵거나 불가능하다.
  - 동작이 부자연스러워 탈출 흐름을 방해할 수 있다.
- 신발을 벗어 Overhead Bin에 넣는다.

④ 협조자 선정 및 임무 설명(Select/Brief Assistance)

ⓐ 협조자 선정

승객 중에 우선적으로 항공사 직원, 경찰, 소방관 또는 군인으로 협조자를 선정한다.

㉠ 탈출구 관련 협조자 선정

- 각 탈출구 별로 3명의 협조자를 선정한다.
- 1명은 탈출구를 개방 또는 객실 내에서 승무원을 돕는다.
  2명은 먼저 탈출 후 항공기 외부에서 승객을 돕는다.
- 협조자들을 업무 수행할 담당 탈출구 주변에 좌석을 재배치한다.
- 비상탈출시 이동 불가 승객 및 추가로 도움이 필요한 승객을 위한 협조자 선정

㉡ 장애자(보행 장애, 시각 장애, 청각 장애, 정신적 장애) Stretcher 승객, UM, 노약자 및 도움이 필요한 승객을 위해 협조자를 선정한다.

- 해당 승객의 옆 좌석으로 재배치한다.
- 보행 불가 승객을 Lift & Carry 방식으로 탈출구로 옮기는 방법의 역할을 지시한다.

ⓑ 협조자의 임무 설명

- Safety Information Card를 이용하여 협조자 승객들에게 브리핑한다.
- 외부상황 판단(화재, 수면 또는 장애물)
- 탈출구 개방
- Slide/ Raft 하단에서 엉켜 있는 승객들을 신속히 대피시키는 방법
- Manual Inflation Handle 사용

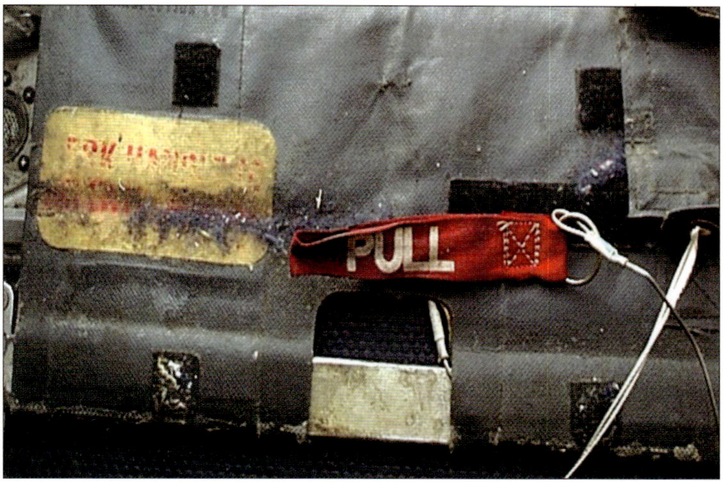

Manual Inflation Handle

⑤ 객실 및 Galley 안전조치(Secure Cabin/Galley)

ⓐ 객실 점검

객실을 점검하고 안전조치를 취한다.

- 휴대수하물을 정리하여 안전하게 보관되었는지 확인한다.
- 좌석 등받이, Tray Table, 개인용 Monitor 등을 원위치 상태를 확인한다.
- 좌석벨트의 착용상태를 확인한다.

ⓑ Galley 점검

Galley를 점검하고 안전조치를 취한다.

- Galley 내의 유동물질을 모두 고정시키고 Latch를 건다.
  (Cart, Carrier Box, Coffee Pot 등)
- 각종 기물은 Carrier Box 내에 넣고 Locking한다.

⑥ 최종 준비(Make Final Preparations)

- 객실 및 Galley의 조명을 항공기 외부보다 어둡게 조절한다.
- 객실의 준비상태 완료를 기장에게 보고한다.
- 비상탈출시 담당 임무 재숙지한다.
- Jump seat에 착석하여 Seatbelt와 Shoulder Harness를 착용한다.

• Emergency Light 'On' 시킨다.

⑦ 충격방지자세(Brace for Impact)

충격으로부터의 생존(Survive The Impact)을 위한 충격방지자세(Brace for Impact)를 취함으로 강한 충격으로부터 생명을 보호하는 가장 효과적이며 중요한 활동이다. 탈출시 승무원이 명령을 내려 승객이 탈출을 하게 Shouting을 한다.

Shouting시 명령어는 긴급힌 대피를 위한 것이라 성공적인 탈출을 위해서 명료한 지시를 내리는 것이 매우 중요함으로 경어를 사용하지 않는다.

명령어의 특징

- 지속적으로 명령한다. – 명령을 멈추어서는 안 된다.
- 긍정적으로 명령한다. – Don't 또는 Undo의 명령어는 바람직하지 못하다.
- 간결하게 명령한다. – 이해하기 쉽고 오해가 없도록 한다.
- 자극적으로 명령한다. – 빨리빨리 움직일 수 있도록 만든다.
- 우렁차게 명령한다. – 알아듣기 쉽게 한다.

• Bulk Seat 이외의 좌석의 충격방지자세

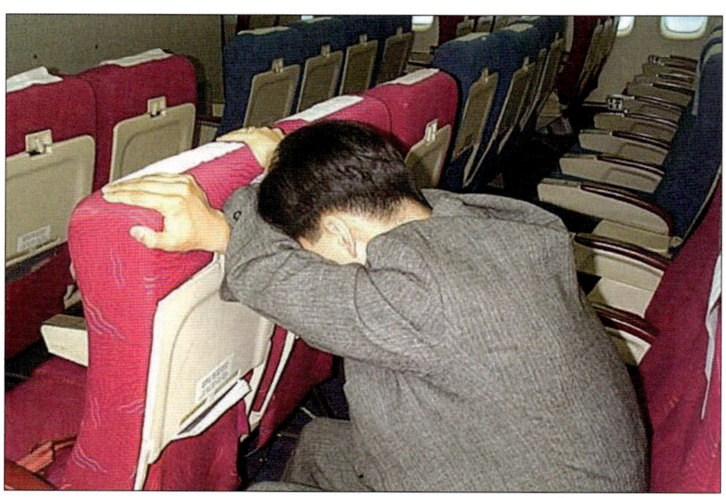

충격방지자세

- 양팔을 엇갈리게 하여 앞좌석 등받이 상단을 잡는다.
- 엇갈린 양 팔 위에 이마를 댄다.
- 양 발을 어깨 넓이로 벌려 약간 앞으로 내밀어 발바닥을 힘껏 밀착시킨다.

- Bulk Seat 좌석의 충격방지자세

충격방지자세

- 양 발을 어깨 넓이로 벌려 약간 앞으로 내밀어 발바닥을 힘껏 밀착시킨다.
- 양 팔을 다리 밑으로 끼어 감싼다.
- 머리를 최대한 양 발의 사이로 깊숙이 넣는다.

ⓐ 준비된 비상 착륙

- 기장으로부터 사전에 약속된 충격방지자세 Signal 신호인 Fasten Seatbelt Sign을 4회 점멸 및 "**Brace for Impact**"라는 방송 2회 실시 후, 객실 사무장의 지시에 의해 충격방지자세를 취한다.
- 이 시점은 통상적으로 착륙 1분 전(고도 10,000ft)에 해당한다.
- 객실 승무원은 승객들이 충격방지자세를 취하도록 일제히 다음과 같이

Shouting을 2~3회 실시한다.

〈"충격방지자세, Brace, あんぜんしせい!"〉

- 항공기가 정지할 때까지 충격방지자세를 계속 취한다.

ⓑ 준비되지 않은 비상착륙

준비되지 않은 상태에서의 급작스러운 상황의 비상 착륙은 승무원에게 대비할 시간이 전혀 주어지지 않으며 주로 이 · 착륙시에 발생하는 경우가 많다.

준비되지 않은 상태의 비상 착수는 수면 위에서 생존해야 한다는 것을 제외하고는 비상 착륙과 거의 동일하다.

- 충격이 오는 즉시 완전히 충격방지자세를 취해야 한다.
- 항공기가 완전히 정지할 때까지 Shouting을 반복하여 실시한다.

〈"발목 잡아" – "머리 숙여" – "자세 낮춰"〉
〈"Grab Ankles" – "Heads Down" – "Stay Low"〉

- 항공기가 정지할 때까지 충격방지 자세를 계속 취한다.

⑧ 상황 판단

기장은 비상사태로 판단되는 경우 즉각적이고 방송을 실시하여 객실 승무원이나 승객의 불필요한 탈출을 피해야 한다. 객실 승무원은 정위치에서 탈출을 위한 만반의 준비를 하고 대비한다.

만약 적절한 조치가 없을 때에는 기장에게 비상신호로 연락한다.

ⓐ 준비된 비상 착륙

- 기장과 객실 승무원 간 사전에 약속된 탈출 지시 방송 또는 탈출 신호음 (Evacuation Horn)과 동시에 즉시 탈출을 시작한다.

ⓑ 준비되지 않은 비상착륙

- 객실 승무원은 비상탈출 여부를 결정하기 위해 Interphone이나 Cockpit Door를 직접 두들겨 보아 조종실과의 연락을 시도하며, 이때 객실 구조의 손상 및 화재상태를 보고한다.
- 기장의 탈출 지시 방송 또는 탈출 신호음(Evacuation Horn)이 있을 경우, 연락 시도를 중지하고 즉시 탈출한다.
- Emergency Light를 켠다.

Emergency Light는 Emergency Landig 후 자동적으로 켜지고, 보편적으로 객실 사무장 Station Panel에 Emergency Light Switch가 있다.

급작스러운 정전이나 화재로 인한 연기로 시야를 가릴 때, 비상구를 찾기 위해 Aisle 바닥에 설치되어 있다.

ⓒ 객실 승무원의 비상탈출 결정

- 객실 승무원은 비상탈출 여부를 결정하기 위해 Interphone이나 Cockpit Door를 직접 두들겨 보아 조종실과의 연락을 취하고, 연락이 되지 않을 때 다음과 같은 경우의 객실상황에 한하여 항공기가 완전히 멈춘 후 비상탈출을 스스로 결정할 수 있다.

하지만 상황이 허락하는 한 조종실과의 연락을 수차례 시도해야 한다. 조종실에서는 Emergency Check List에 의해 업무수행 중일 경우가 있기 때문이다.

비상탈출 결정 요건

- 항공기의 심각한 구조 손상
- 위험한 화재 또는 연기 발생
- 승객이 위험 직면에 직면했을 때

⑨ 승객 탈출 지시

좌석 이탈 명령을 Shouting으로 실행한다.

- 비상 착륙시

"벨트 풀어" : "Release Seat Belts"
"일어나, 나와" : "Get Up, Get Out"
"짐 버려" : "Leave Everything"

- 비상 착수시

"벨트 풀어" : "Release Seat Belts"
"구명복 입어" : "Get Your Life Vest"
"일어나, 나와" : "Get Up, Get Out"

- 승무원은 각자 Jump Seat에서 일어나 Flash Light를 소지하고 지정된 탈출구로 이동한다.
- 사전에 선정된 협조자에게 필요시에 외부의 상황을 판단하고 탈출구를 개방토록 지시한다.

⑩ 항공기에서의 탈출

ⓐ 상황판단

- 비상사태의 유형을 파악하여 구조적인 항공기의 손상, 객실의 화재 및 탈출에 이용할 비상 출구의 사용 가능성을 확인한다.

– 소형기의 경우, 동체 착륙(Belly Landing)시 Door Open전에 외부 상황을 파악하여 Slide가 필요하지 않을 정도로 지면에 있을 때에는 Slide/Raft를 Disarmed에 넣고 비상구를 개방한다.

- 항공기 외부에 화재가 발생하였을 때에는 화재 발생 반대쪽 탈출구의

Door를 Open한다.

- 항공기가 멈춘 후 항공기의 정지자세에 따라 탈출구를 선정하여 Door를 Open한다.

– Main Gear의 손상 : 항공기 앞쪽이 들린 상태로 뒤쪽의 낮은 탈출구를 이용한다.

– Nose Gear의 손상 : 항공기 뒤쪽이 들린 상태로 앞쪽의 낮은 탈출구를 이용한다.

- 비상 착수시

  - 수면 위에 위치한 탈출구를 이용한다.

ⓑ Door 작동

- 탈출구의 Slide Mode가 Armed 상태인지를 먼저 확인한다.
- 탈출구를 Open 하며 팽창시킨다.
- 탈출구가 Jamming 되어 열리지 않을 경우, 또는 열렸으나 Slide가 작동되지 않을 경우에는 신속히 다른 탈출구로 유도하는Shouting을 한다.
- 승무원이 한 개 이상의 탈출구를 담당하고 있을 때에는 협조자에게 탈출구를 열도록 지시한다.
- 승무원은 탈출하는 동안 승객의 신속한 탈출 지휘와 탈출 승객으로부터 밀려 밖으로 떨어지지 않도록 승무원의 안전을 위해 Door 안쪽의 Assist Handle을 잡고 몸을 벽면에 고정시키며 탈출 유도를 한다.

- 비상 착수시

  - Slide/Raft에 승객을 옮겨 태우고 항공기로부터 Slide/Raft를 분리시킨다.
  - Mooring Release Handle을 잡아당겨 분리시킨 후 안전거리까지 대피한다.

ⓒ 항공기 탈출

- ELT, First Aid Kit, Megaphone, Flash Light 등의 항공기 내의 반출장비를 가지고 탈출한다.
- 항공기 내에 잔류 승객이 있는지 여부를 확인한다.
- 항공기로부터 화염이나 폭발로 피해를 받지 않도록 안전거리를 확보하여 대피한다.
- 승객을 한 곳으로 모아 부상승객에 대한 응급처치를 하고 승객 및 승무원의 인원을 확인한다.
- 구조신호를 발신한다.

- **비상 착수시**

> - 2인 1조의 승무원이 Slide/Raft 탑승시는 1명은 전방에서 상황을 파악하고 1명은 후방에서 승객을 지휘하면서 안전거리로 이동을 주관한다.
> - 안전거리로 이동한 후에는 사고지점으로부터 멀리 벗어나지 않도록 Sea Anchor를 설치한다.

제2절 환경으로부터의 생존(Survive The Elements)

1. 승객의 현상

사고에 대한 각종 공포의 심리적 현상과 육체적으로 느끼는 각종 현상에서 무엇보다도 공포와 생존에 있어서 가장 중요한 요소는 생존하고자 하는 의지력이다.

① 육체적 현상

굶주림, 탈수, 체온저하, 동상, Immersion Foot, Sore Eyes, 뱃멀미, 변비 및 배뇨 등을 들 수 있다.

② 심리적 현상

미지에 대한 공포, 고통에 대한 공포, 나약함에서 오는 공포, 주위 환경에 대한 공포 등이다.

2. 일반적 생존지침

- 항공기 사고 주변에 있어야 구출이 용이하다.
- 부상자에 대한 응급처치를 한다.
- 사용 가능한 장비를 확인한다.
- 생존자의 성명을 기록한다.
- 외부 온도가 추운 경우와 더운 경우를 대비하여 조치한다.
- 신호를 보낼 그룹을 조직한다.
- 음식과 물을 수집하는 절차를 수립한다.

3. 지상에서의 생존지침

- 불을 피워 몸의 온도조절 및 구조신호로 활용한다.
  - 사막에서의 일교차

– 북극항로의 혹한

- 피난처를 찾는다.

- 비상 착수시(물 속)

> - Canopy를 설치한다.
> - 체온저하 방지책으로 서로 가까이 모이게 하여 HELP 자세와 Huddle 자세를 취하도록 한다.
> - 가능한 한 신체부위를 물 밖으로 내놓는다.

① HELP 자세 : Heat Escape Lessening Posture

물 안에서 태아처럼 목과 겨드랑이, 허벅지의 안쪽을 몸에 붙여, 웅크리며 최대한의 체온을 유지하는 자세를 말한다.

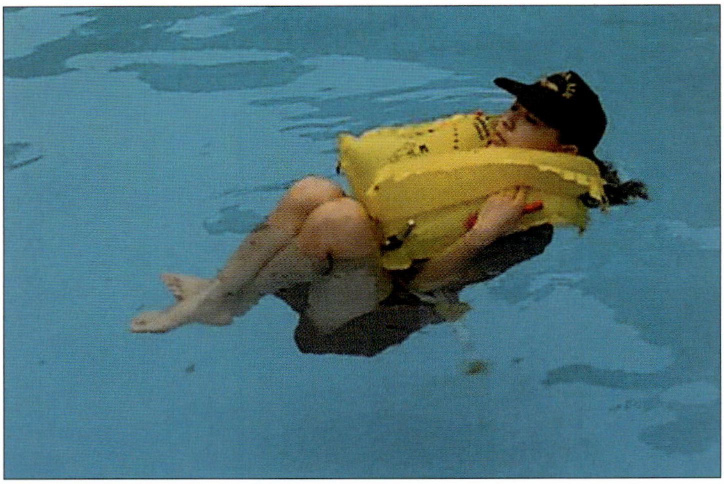

HELP 자세

② Huddle 자세

여러 사람이 집단으로 서로서로 팔짱을 끼고 원형의 형태로 붙어 있어 체온 손실을 방지하는 자세이다.

Huddle 자세

- 비상 착수(Slide/Raft 내)

- 자세를 낮추어 Raft가 뒤집어지는 것을 방지한다.
- Heaving Line을 이용하여 Slide/Raft끼리 묶는다.
- Slide/Raft의 팽창도를 수시로 점검한다.

CHAPTER

4

객실 감압 및 화재

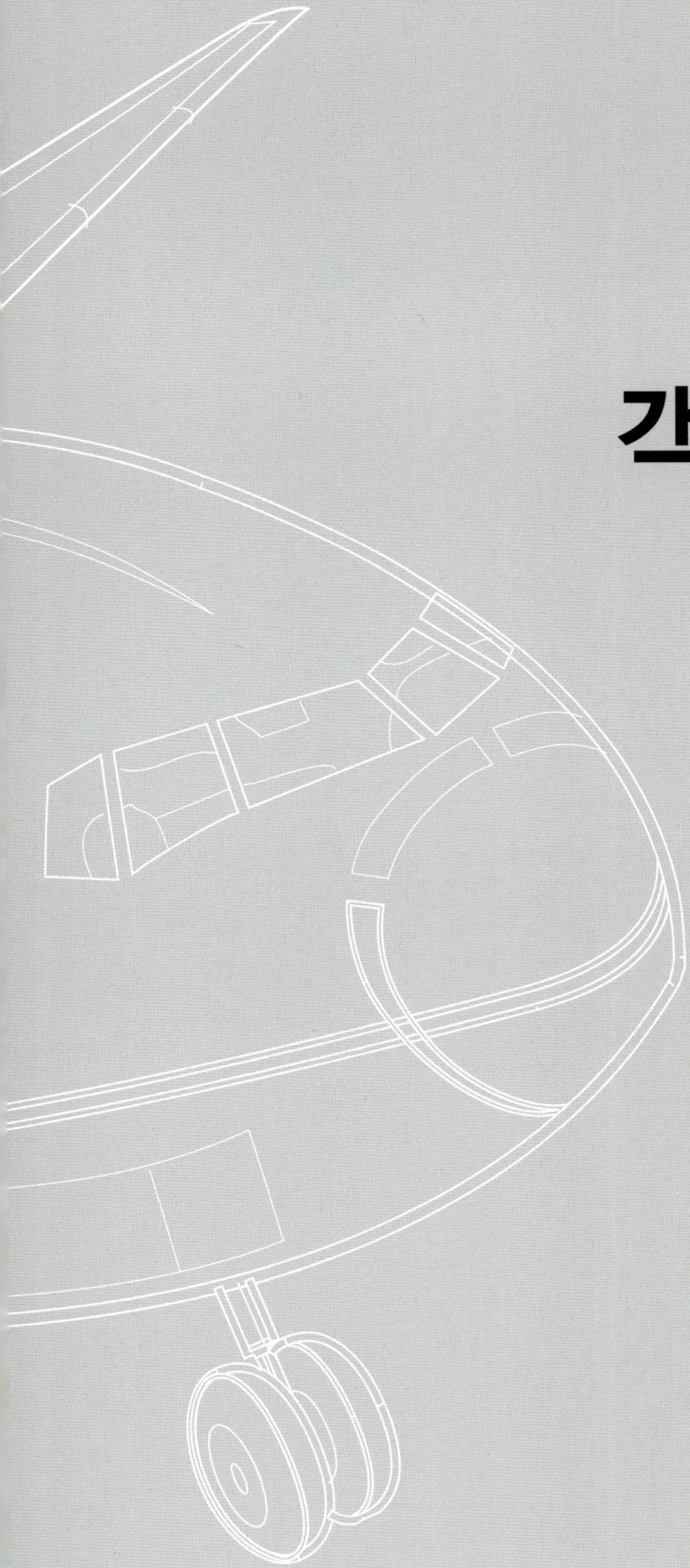

제4장

객실 감압 및 화재

객실 감압이란, 비행 중에 항공기의 결함이나 기체 손상으로 객실 내의 압력이 빠져 나가 기압이 낮아지면서 산소가 희박해지는 현상을 의미한다.

이와 같은 비상사태시 즉시 조치사항을 취하므로 승객이나 승무원의 생명을 위해 비상 산소공급장치의 작동을 가동하여야 한다.

항공기가 정상 운항시에는 35,000ft~40,000ft의 고도를 유지하며 운항하고 있으나, 항공기의 객실은 여압장치에 의해서 객실 내의 객실 고도를 보통 7,000~8,000ft로 지상과 같은 상태를 유지하며, 항공기의 여압장치의 고장이나 항공기 동체의 파손 등으로 감압현상이 발생하여 객실 내부의 고도가 14,000ft 이상이 되면 자동으로 산소마스크가 낙하하게 되어 있다.

일반적으로 항공기는 5,000ft에서 8,000ft 정도의 고도의 기압을 유지하고 있다.

제1절 감압현상(Decompression)

1. 감압현상의 종류

감압현상 발생과정의 시간 차이에 따라 다음과 같은 현상이 일어난다.

(1) 완만한 감압

- 객실의 기압이 서서히 낮아지며 귀가 멍해지며 휘 -익 소리가 나며 통증을 느낀다.
- Door나 Window 주위의 이음새를 통해 기압이 빠져나감으로써 발생하거나 기내 여압장치의 고장으로도 발생할 수도 있다.

(2) 급격한 감압

- 비행 중 여압장치의 고장 또는 항공기 기체의 균열 및 파손 등으로 객실 내부 압력과 외부 압력의 차이가 약 10초 이내에 같아지는 현상이 일어난다.
- 이때 굉음과 객실 내에 뿌연 안개 현상이 일어나고, 온도가 급강하 하면서 귀와 가슴의 통증을 유발한다.

(3) 폭발적 감압

심한 항공기의 기체 손상으로 갑작스럽게 내부 압력과 외부 압력의 차이가 없어지는 초비상사태를 말한다.

2. 객실 감압 발생시 현상

(1) 공통 현상

- 산소 시스템이 필요 산소를 공급하기 위해 산소마스크가 Drop된다.
- 자동 감압 방송이 실시된다(비상 강하 중!).
  "Attention! Emergency Descent" 등
- No Smoking Sign 및 Fasten Seatbelt Sign 'ON'
  벨트를 매고 마스크를 코와 입에 대십시오!
- Full Bright로 객실 조명이 조절된다.

(2) 급격한 감압 발생시 현상

- 굉음이 들린다.
- 객실 온도가 하강한다.
- 객실 내에 차가운 바람이 유입된다.
- 객실 내에 안개 현상이 나타난다.
- 객실 내에 먼지가 일어난다.
- 파편 조각이 날아다닌다.
- 귀가 막혔다 뚫린다.

객실에 갑자기 안개 현상이 일어나는 이유

- 객실의 온도가 갑자기 떨어지고 상대적으로 습도의 변화가 생겼기 때문
- 이것의 안개 현상과 연기를 혼동해서는 안 된다.

3. 산소공급 장치

이와 같은 비상시에 산소를 공급하는 산소 공급장치는 2가지로 분류되어 있다.

저장된 산소 Tank로부터 공급받는 방식과 화학반응으로 산소를 발생시켜 가동되는 방식으로 되어 있다.

(1) 산소공급 시스템

① 산소 Tank 시스템(Tank O_2 Supply System)

저장된 산소 Tank로부터 공급받는 방식의 Type으로는 B747 항공기가 있다.

- 저장된 산소 Tank로부터 공급받는 방식이다.
- 사용방법으로는 산소마스크가 Drop되면 그대로 착용하면 된다.
- 1분당 사용량은 약 2리터이다.
- 항공기의 안정고도가 되면 Cockpit에서 산소의 공급을 Off한다.
- 객실고도 14,000ft 이상이면 자동으로 작동된다.

② 화학반응식 시스템(Chemically-generated O_2 Supply System)

- B777, B737, A330 등의 Ceiling에 설치되어 있다.
- 사용방법으로는 산소마스크가 Drop되면 마스크를 당겨 가동기(Actuator)의 Pin이 빠지면서 화학반응으로 인해 산소가 발생되며 공급하게 된다.
- 개별의 산소 공급장치로 되어 있어 승객이 직접 가동시켜야 한다.
- 1분당 사용량은 약 2리터이며 사용 시간은 약 15분이다.
- 단, 한 번 작동된 공급장치는 도중에 중단시킬 수 없다.
- 산소 발생기 작동시에는 내부 화학작용으로 타는 냄새와 함께 고열이 발생되어 객실이 더워진다.
- 객실 고도 14,000ft 이상이면 자동으로 산소마스크가 떨어진다.

(2) Oxygen Compartment

- 객실 전체에 분포되어 있다.
- 승무원 좌석 위는 물론 화장실 내에도 2개가 설치되어 있다.
- 승객들의 산소마스크는 유아 동반자나 만약의 고장 상태를 대비하여 좌석이 2~3개 연결되어 있는 경우에 앞 뒤 2좌석당 여분의 산소마스크가 추가로 장착되어 있다.

4. 객실 감압시 승무원 조치사항

(1) 승무원 조치사항

① 운항 승무원의 조치사항

- 산소마스크를 즉시 착용한다.
- 항공기를 신속하게 고도 10,000ft까지 하강시킨다.
- No Smoking Sign 및 Fasten Seatbelt Sign이 켜져 있는지 확인한다.

② 객실 승무원의 조치사항

- 근처의 산소마스크를 즉시 착용한다.
- 근처의 빈 좌석에 즉시 착석한다. 빈 좌석이 없는 경우, 팔걸이에 앉거나 잡아서 몸을 고정시킨다.
- 산소마스크를 착용한 후 승객들에게 Shouting한다.

명령어	– 산소마스크 쓰세요!	벨트 매세요!
	– Put On The Mask!	Fasten Your Seat Belt!

- 승객들의 산소마스크 착용상태를 확인한다.
- 마스크 착용에 방해가 될 수 있는 안경은 벗도록 지시한다.
- 산소마스크를 착용한 성인 승객 옆에 어린이가 있을 경우, 어린이의 산소마스크 착용을 도와주도록 지시한다.

- 어린이를 동반하고 있는 부모에게는 자신들이 먼저 산소마스크를 착용한 후 어린이의 산소마스크 착용을 도와주도록 지시한다.
- 산소마스크가 자동적으로 내려오지 않을 경우에는 승무원은 승무원 좌석 하단에 있는 Manual Release Handle(수동열림기구)를 이용하여 산소마스크 보관 패널의 작은 구멍에 넣어 Open한다.

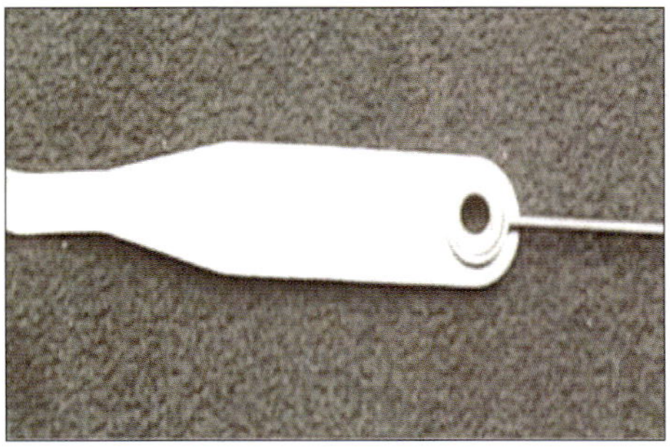

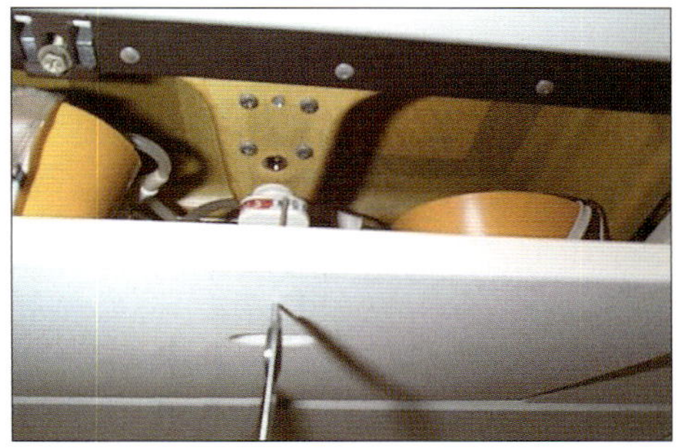

Manual Release Handle

(2) 감압현상 후의 승무원들의 점검

- 운항 승무원으로부터 움직여도 좋다는 신호가 오면 객실과 승객을 점검한다.
- 항공기의 파손 또는 균열이 있는 곳의 승객 좌석을 이동한다.
- 부상 승객의 여부 확인한다.
- 객실 내의 화재 여부, 화장실 점검 및 기타 위험요소를 점검한다.
- 사용하고 난 산소마스크의 처리 Ceiling에서 내려온 산소마스크는 원위치 하지 말고 좌석 앞주머니에 넣는다.

5. 감압현상 이후 후유증

(1) 저산소증(Hypoxia)

일종의 산소 부족 현상으로서 감압현상시 흔히 일어나는 현상이다.

① 증상

- 호흡이 빨라진다.
- 두통과 어지러움을 호소한다.
- 피로와 초조감을 느낀다.
- 판단력과 시력이 저하된다.
- 신체적 균형 감각을 잃는다.
- 의식을 잃는다.
- 입술, 귀, 뺨 및 손톱 뿌리의 근처가 푸른색으로 변색된다.

② 응급처치

- 즉각적으로 Potable O_2 Bottle를 이용하여 산소를 제공한다.
- 승객을 안정시킨다.

(2) 감압증(Decompression Sickness)

급작스러운 여압의 감소로 체내의 Gas가 변하면서 신진대사가 원활하지 못하여 발생하는 현상이다.

① 증상

- 관절 부위에 통증이 나타난다.
- 가슴에 통증을 느낀다.
- 시야가 흐리고 두통이 나타난다.
- 피부 발진 현상이 나타난다.
- 발열 또는 발한 현상이 나타난다.
- 움직임이 둔해진다.

② 응급처치

- 통증 및 증상은 항공기가 안정 고도로 오면 없어진다.
- 영향을 받은 부위를 움직이지 않도록 한다.
- 운동을 피한다.
- Shock에 대한 응급처치를 한다.

(3) 의식 가능시간(TUC : Time Of Useful Consciousness)

감압이 시작된 시점부터 신체의 산소 부족으로 인하여 적절하고 효과적인 행동을 할 수 없게 되기까지의 일반적 소요시간을 의미한다.

의식 가능시간에 가장 크게 영향을 미치는 요소는 고도이면 고도별 의식 가능시간은 다음과 같다.

항공기 고도	의식 가능 시간	원만한 감압시
	급격한 감압 시	
15,000ft	15~20분	30분
25,000ft	2분 30초	5분
30,000ft	30초~1분	1~2분
40,000ft	18초	18초

United 항공 사고
일 시 : 1989년
편 명 : UA 811편
장 소 : 고도 22,000ft
사고 유형 : 급격한 감압
사고 원인 : Cargo Door Open

제2절 연기 및 화재

항공기 내 화재 발생시에는 무엇보다도 운항 · 객실 승무원 상호간의 긴급하고 긴밀한 연락체제의 구축과 협조가 필수적이다.

객실 내에서의 화재는 화장실에서의 흡연, Gallery 내의 Oven, Coffee Maker, Hot Cup 등의 각종 장비의 과열 현상에 의한 화재, 기타 전기계통에 의한 화재를 사례로 들 수 있다.

일단 화재 발생시의 공통점은 연기를 동반한다는 것이다.

연기 및 화재시의 항공기 환경

- 제한된 공간
- 발생시 유독가스 발생
- 제한된 시야
- 화재 근원 파악의 애로점
- 비상착륙시 대체 공항까지의 거리

1. 일반 화재시 승무원 조치사항

일상적인 화재 발생시의 승무원의 조치사항은 그 시점, 화재의 종류, 화재 장소에 따라 다르다.

(1) 비행 중 조치

① 도움을 청하며 운항 승무원에게 알린다.

화재나 연기를 발견한 승무원은 즉시, 타 승무원에게 도움을 청하며 운항 승무원에게 알리도록 한다.

- 정확한 위치
- 연기의 특성(농도, 모양 등)
- 연기의 색깔
- 냄새(악취, 기름, 전기 등)
- 승객의 반응 등

② 연기 및 화재의 진원지를 찾는다.
- 객실 내의 진원지를 철저히 확인한다.
- 진원지가 접근하기 어려운 곳이거나, 미확인시에는 기장에게 알린다.
- 진원지 주변의 PO_2 Bottle은 치운다.

③ 화재 종류에 맞는 소화기를 결정한다.

④ 전기 화재인 경우에는 Circuit Breaker를 뽑거나 Master Power Shut Off Switch의 전원을 차단시킨다.

⑤ 화재를 진압한다.
- 연기가 아닌 화재의 근원을 진압한다.
- 필요시에는 타 승무원이 PBE를 착용하고 석면 장갑을 착용한다.
- 소화기의 노즐은 불꽃의 아래쪽을 향한다.
- 진화된 화재도 재점검 및 재발화 방지 차원에서 소화액을 충분히 분사한다.

⑥ 승객을 진정 및 대피시키며 연기가 많을 때에는 승객의 머리를 Armrest보다 아래로 두도록 유도한다.

⑦ 호흡을 목적으로 PO_2 Bottle을 사용해서는 안 된다.

(2) 지상 조치

① 비행 중의 조치 순서를 따른다.

- 기장과의 연락 두절인 경우 기체 외부상황을 파악하고 Slide Mode를 Armed Position으로 변경하고 탈출을 한다.
- 탈출 후에는 항공기의 화염이나 폭발로부터 안전한 지점으로 신속히 대피한다.

TG(Mar/3 2003)

AF(Mar/5 1999)

2. 객실 내 화재시 승무원 조치사항

객실 내에서의 객실장비 및 설비에서 화재가 발생하면 일상적 화재시 조치사항에 다음과 같은 지침을 추가한다.

(1) Oven의 화재

① Oven 내에서 화재 발생시에는 외부의 산소를 차단하기 위해 Oven의 Door를 닫는다.

② 해당 Oven의 Circuit Breaker를 뽑는다.

(2) Lavatory 내의 화재

① 화장실 문에 손등으로 열을 감지해 본다.

② 손등에 열이 감지되면 불꽃이 밖으로 번져 나올 수 있으니, 섣불리 열지 말고 아주 천천히 문을 조금만 열어 화재 정도와 진원지를 확인한다.

③ 문을 닫아 둔 상태에서 화재장비를 준비한다.

④ 화장실 내 쓰레기통에서 화재가 발생되었다면, Halon 소화기로 소화한 후에 H_2O 소화기로 완전히 소화한다.

⑤ 화재 진압과정 및 진압 종료 후 기장에게 통보하고 화장실을 패쇄시킨다.

(3) 기타 화재

① Gallery 내 쓰레기, 기내 장식 등에 화재가 발생시에도 화재 진압 후 H_2O 소화기로 완전히 소화한다.

A P P E N D I X

부록

부 록 1. 주요 항공용어 및 약어

부 록 2. 항공사 코드

부록1

주요 항공용어 및 약어

- A/C(Aircraft)

항공기

- ACK(Acknowledge)

- ACL(Allowable Cabin Load)

객실 및 화물칸에 탑재 가능한 최대 중량

- AED(Automated External Defibrillator)

자동 심실 제동기

- A.E.R(Aviation Enforcement Regulation)

대한민국 항공법 시행규칙으로 항공 정책 수립 및 국적 항공기에 대한 관련 규칙을 수록해 놓은 법규

- AFT(After)

항공기 내부에서 조종석으로부터 뒤쪽을 말한다.

- **AGT(Agent)**

- **Aisle**

객실 복도 또는 통로

- **Air Ventilation**

항공기에 신선한 공기를 공급하고, 환기시키는 장치

- **ALT(Altitude)**

해수면으로부터 비행하고 있는 항공기까지의 수직 높이

- **APIS(Advance Passenger Information System)**

출발지 공항 항공사에서 예약, 발권시 승객의 필요 정보를 미 법무부와 세관에 사전 통보하여 미국 입국시 사전 점검을 가능토록 함으로 입국 소요 시간을 단축하는 제도

- **APO(Airport)**

공항

- **APU(Auxiliary Power Unit)**

항공기 후방에 있는 보조 동력 장치인 소형엔진으로 지상에서 필요한 동력을 만들며 비상 대기 전원으로 사용된다.

- **APRON**

항공기의 주기장

- **Armed Position**

비상 탈출 장비가 문을 개방하면 Escape Device가 자동으로 펼쳐지게 되어 있는 상태

- Armrest

승객 좌석의 팔걸이

- ARR(Arrival)

도착

- ARS(Audio Response System)

항공기의 운항 여부 및 좌석 현황을 전화로 알아볼 수 있는 자동 응답 장치

- ASAP(As Soon As Possible)

- ASP(Advance Seating Product)

항공편 예약시 사전에 좌석을 미리 배정 받는 제도

- ASST(Assist)

- Assist Handle

비상구 옆에 있는 손잡이로 Door를 열거나 닫을 때 추락 등의 사고 방지를 위해 부착되어 있는 손잡이

- A.T.C(Air Traffic Control)

항공 관제탑에서 항공기에 대한 이 · 착륙 등 항공 교통 제반 사항을 통제하는 것

- A.T.A(Actual Time Of Arrival)

실제 항공기 도착 시간

- A.T.D(Actual Time Of Departure)

실제 항공기 출발 시간

- ATTN(Attention)

- AUTH(Authorize)

- A.V.O.D(Audio. Video. On Demand)

  항공기 내의 Audio나 Video를 본인이 선택하여 사용할 수 있는 것

- AWB(Air Waybill)

  화물 운송 계약서

- Auto Pilot

  항공기의 상승, 순항, 강하 등을 조종사의 조작없이 할 수 있는 자동 조종 장치

- Bassinet(BSCT)

  유아용 침대

- Baggage Claim Tag

  위탁 수하물의 식별용으로 항공사의 화물표

- Bi-Fold Door

  반쪽으로 접혀 한쪽으로 밀려나는 형태의 문으로 일부 항공기 화장실 문으로 사용하며, 공중 전화 Door와 비슷하다.

- Boarding Pass

  탑승권

- BRDG(Boarding)

  탑승

- Bridge

  항공기와 공항 청사와의 연결 통로

- **Bulkhead**

  객실을 나누는 칸막이 분리벽

- **Bulk Loading**

  화물을 화물용 통에 넣지 않고 낱개 상태로 직접 탑재하는 것

- **Bun Warmer**

  항공기 주방 내에 있는 따뜻하게 데우거나 보관하는 장소

- **CBN(Cabin)**

  객실

- **Cabin Altitude**

  객실 고도. 객실 고도는 약 5,000~8,000 FT를 유지한다.

- **CDL(Cabin Discrepancy List)**

  운항 중 객실 장비의 고장 및 내용을 기재하는 일지

- **Cancellation**

  목적지의 기상 악화, 기체의 결함, 고장 등으로 사전 계획없이 운항편이 취소되는 것

- **Cart**

  바퀴가 달린 물건 운반의 장비

- **Catering Center**

  기내에 탑재된 식 · 음료 기타 모든 물품 등을 탑재, 하기하는 부서

- **Ceiling**

  객실 천장

- **CFG(Configuration)**

  항공기의 배열

- **CFM(Confirm)**

  확인

- **CGO(Cargo)**

  수하물

- **CHD(Child) : 어린이**

  Charter Flight(CHTR FLT)

  정기적으로 운항하는 정기 노선과 달리 운항 구간, 시기, 스케줄 등이 부정기적인 항공 운송 상태의 운항

- **Circuit Breaker**

  항공기 주방 내에 있는 전원을 차단시키는 검은색 버튼

- **CMPLN(Complain)**

  승객의 불만 사항

- **Code Share**

  공동의 이익을 위해 항공사 간의 협정을 맺는 것

- **Collapsible Radio**

  항공기에서 지상과의 통신하는 무선 통신 시스템

- COM

Cabin Operation Manual 객실 승무원 업무 교범

- COMPT(Compartment)

- Company Phases of Flight

비행 안전 취약 단계

지상 이동 및 고도 10,000FT 이하에서 운항하는 시점

- CPN(Coupon)

- CPY(Copy)

복사

- CRM(Crew Resource Management)

안전 운항 관련하여 모든 인적 요인을 이해하고 인적 과실 방지를 위한 교육 과정

- CRS(Computer Reservation System)

항공사의 예약 전산 시스템으로 예약 관리와 각종 여행 정보를 수록하여 대고객 서비스를 가능하게 하는 것

- Cruised Speed

최적의 연료 효율로 운항하는 순항 속도. B747－400의 경우 915Km/h이다.

- CTC(Contact)

- CVR(Cockpit Voice Record)

음성 녹음 장치로 일명 Black Box라고도 함

- **DBL(Double)**

- **DCS(Depature Control System)**

- **Decompression**

  여압 장치로 객실 내 산소가 감소되는 현상

- **De-Icing**

  항공기 표면의 눈, 서리, 얼음 등을 제거하는 작업

- **DEMO(Demonstration)**

  비상시 탈출 요령 등을 승객에게 Tape이나 승무원이 설명하는 것을 말한다.

- **DEPO(Deportee)**

  강제 추방자. 입국 사열 중 관계 당국으로부터 입국 거절자에 대하여 강제로 추방되는 승객

- **DEPT(Department)**

- **DEST(Destination)**

  도착지

- **DIM**

  객실 조명 조절 단계로 어두운 조명 상태를 말한다.

- **Disarmed Position**

  Girt Bar가 항공기 Bustle에 고정되어 있는 상태

- **Dispatcher**

운항관리사로 운항 중의 모든 비행 계획을 수립

- **Divert(DIVT)**

목적지의 기상 불량 및 기타의 사유로 변경되어 타 공항에 착륙하는 것

- **Ditching**

비상 착수

- **DLVR(Dlivery)**

공급

- **DLY(Daily)**

- **Door Sill**

항공기 Door 문턱

- **Drain**

물을 버리는 배수구

- **Drawer**

음료수를 보관하는 서랍 형태의 용기

- **Dual Aisle Aircraft**

Wide Body라 한다.

- **E/D Card(Embakation/Disebakation Card)**

출 · 입국 신고서

- **ELS(Emergency Light Switch)**

  항공기로부터 비상탈출 시 탈출이 용이하기 위해 Aisle의 유도등, 천장의 표시등, Door의 안내등을 ON시키는 Switch. 이와 동시에 소리로 안내하는 Evacuation Horn과 함께 작동하여 탈출이 용이토록 한다.

- **ELT(Emergency Located Transmitter)**

  비상 착륙이나 착수 후, 현재 위치를 송신하는 구조 요청 장치

- **EMK(Emergency Medical Kit)**

  의사만이 사용할 수 있는 비상 의료함

- **EMP(Employee)**

  직원

- **Endosment**

  항공사간 항공권에 대한 권리를 양도하는 행위

- **ENG(Engine)**

- **ETA(Estimated Of Arrival)**

  도착 예정 시간

- **ETD(Estimated Of Departure)**

  출발 예정 시간

- **Excess Baggage Charge**

  무료 수하물을 초과하여 부과되는 수하물 요금

- **FAA(Federal Aviation Administration)**

  미국 연방 항공국

- FAK(First Aid Kit)

  구급 처치용 의약품 함

- FAR(Federal Aviation Regulation)

  미국 연방 항공법

- FASTEN SEAT BELT' Sign

  "좌석 벨트를 매시오"라는 표시 등

- FAX(Facsimile)

- Flight Engineer(F/E)

  항공 기관사

- Flight Log

  항공기 운항에 관련 된 각종 장비를 유지 보수를 위한 일지

- FOC(Free of Charge)

  무료

- Forward(FWD)

  항공기 내부의 앞쪽

- FRAG(Fragile Baggage)

  깨지기 쉬워 취급 주의를 요하는 수하물

- Fuselage

  항공기 동체를 의미. 조종석. 객실, 화물칸으로 나뉜다.

- **Galley**

  항공기 내의 주방

- **G/D(General Declaration)**

  항공기 출항 허가 및 도착지 입항 허가를 받기 위해 운항 사항, 승무원 명단, 비행 중 특이 사항을 기재되어 제출하는 서류

- **G/H(Grand Handling)**

  지상 조업

- **Give Away**

  기내에서 제공되는 탑승 기념품

- **Girt Bar**

  Slide를 문턱 부분에 Floor Fitting에 고정시키는 금속의 막대

- **G.M.T**

  Greenwich Mean Time. 세계 표준시

- **GOSH(Go Show)**

  예약 없이 공항에서 대기하다가, 예약 후 미탑승 되는 승객의 좌석을 이용하여 탑승하는 것을 말한다.

- **GOVT(Government)**

  정부

- **GRP(Group)**

  단체

- GPU(Ground Power Unit)

지상에서의 동력 장치

- GTR(Government Transportation Request)

공무로 해외 출장가는 공무원 및 이에 준하는 자이다.

- Gust Lock

항공기 Door를 열고 나서 움직이지 않게 고정시키는 장치

- Gust Lock Release

항공기 Door를 닫기 위해 Gust Lock을 풀어주는 장치

- Hand Carried Baggage

기내 반입 휴대 수하물

- Hangar

항공기의 점검, 정비를 위해 설치된 항공기 격납고

- Handset

승무원 간의 통화 또는 안내 방송을 위한 전화기 상태의 장비

- HK(Hold Confirm)

예약 확인

- Horizontal Stabilizer

수평 안전판으로 수평 꼬리 날개를 말한다.

- HQ(Headquarters)

본부 및 주 사무실

- **HTL(Hotel)**

호텔

- **IATA(International Air Transportation Association)**

국제항공협회로서 1945년 결성되어 항공 운임 결정 및 항공사 간의 운임 정산 등의 임무를 행한다.

- **ICAO(International Civil Aviation Organization)**

민간항공기구로서 1947년 결성되어 항공의 안전 유지, 항공 기술 향상, 항공시설의 발달 등을 목적으로 한다.

- **IFS(In Flight Sales)**

기내 판매

- **IMM(Immigration)**

법무부 소속의 출입국 관리소

- **INDV(Individual)**

개인의

- **INF(Infant)**

만 2세 이하의 유아

- **INFO(Information)**

- **INTL(International)**

국제적인

- INV(Invoice)

운송장

- IRR(Irregular)

비정상적인 것

- Itinerary

일정

- I/U(Involuntary Up Grade)

- Joint Operation

영업의 효율성, 경비의 합리화 및 경쟁력 강화를 위해 2개 이상의 항공사가 공동 운항하는 것

- Jump Seat

승무원이 착석하는 좌석

- Landing Gear

항공기의 바퀴. 충격 흡수, 제동 작용, 균형 유지 역할을 한다.

- Latch

객실에 Cart나 Carrier Box 등을 잠그는 장치

- Lavatory

화장실

- **Lavatory Call Button**

  화장실 내의 승무원 호출 Button

- **Lay over(L/O)**

  승무원이 모기지에서 하루 이상 휴식 후 비행하는 것

- **Left**

  승객 좌석에서 조종석을 기준으로 왼쪽

- **Length**

  항공기 동체의 길이

- **L/F(Load Factor)**

  탑재 허용량

- **Liquor Cart**

  술 종류 보관하는 Cart

- **M/A(Meet & Assist)**

  영접 및 지원

- **Main Landing Gear**

  항공기 가운데 바퀴로 좌우 균형을 유지한다.

- **Main Wing**

  항공기 중앙 날개로 양력을 발생 이륙하게 하며, 연료 저장 탱크이다.

- **MAINT(Maintenance)**

  고장 및 정비

- **Manual Inflation Handle**

  Escape Device를 수동으로 팽창하기 위한 Handle

- **MAS(Meet & Assist Service)**

  VIP, CIP 및 특별 고객에 대한 공항 영접 및 지원 업무

- **Master Call Light Display**

  Blue, Amber, Red로 이루어진 표시등

- **MCT(Minimum Connection Time)**

  연결편을 탑승하기 위해 소요되는 최소의 시간

- **M/D(Main Deck)**

- **MED(Medical)**

  의료적인

- **Microphone**

  Handset와 같은 의미

- **Minimum Staffing**

  법적으로의 최소 탑승 인원

- **Mock-Up**

  실물 모양의 모형 항공기 시설

- MSG(Message)

- NO SUBLO(Not Subject To Load)

- NBR(Number)

- NRC(No Record)

기록이 없는

- Nose

동체의 최전방 부분

- Nose Gear

항공기 전방의 위치한 Landing Gear

- OAG(Official Airline Guide)

전 세계 항공사의 비행 일정 및 기타 정보를 수록한 책자

- OBD(On Board)

탑승 된

- OJT(On The Job Training)

수습 중인

- Oven

음식물을 Heating하는 것

- Oven Rack

Heating시 선반 역할을 하며 내용물을 분리시키는 틀

- **Over Booking**

  특정 비행 편에 좌석 수보다 예약자 수가 더 많은 경우

- **Overhead Bin**

  휴대 수하물을 보관하는 선반

- **Overwing Exit Door**

  항공기 날개 부분의 비상구

- **P.A**

  Public Address. 기내에서 실시하는 승객 안내 방송

- **Panel**

  기내에 음악, 조명, 기내 온도 등을 조절하는 조절판이다.

- **Passenger Call Button**

  승객 좌석에서의 승무원 호출시 사용하는 Button

- **PAX(Passenger)**

  승객

- **Pillow**

  베개

- **Placard**

  정보 전달을 위한 스티커 형태의 안내문

- **PNR(Passenger Name Record)**

  승객의 예약 기록 번호

- Pneumatic Power

압축 공기의 힘

- PSU(Passenger Service Unit)

승객 서비스 장치

- Pouch

항공기 입국에 필요한 서류 등을 보관하는 가방

- PTN(Portion)

구간

- PTT Button

Push To Talk Button

기내 방송시 Handset에 있는 PTT Button을 사용한다.

- PTY(Party)

- P/P(Passport)

여권

- Premium First Class

First Class 보다 상위의 좌석을 설치한 Class

- Purser's Report

사무장이 작성하는 서류로서 승객 현황, 특별 고객, 비행 중 발생한 특이 사항, 객실 내 정비 사항 및 인수인계할 사항을 기록한 문서

- **Push Back**

  항공기 운항을 위해 지상에서 견인 차량으로 전 · 후진하는 것

- **Range**

  항속 거리

- **R/C(Ramp Control)**

  지상 관제

- **Relief Captain**

  교대 기장

- **Restraint Bar**

  승객의 휴대 수하물을 보관할 수 있는 좌석 밑의 "ㄷ"자의 금속 막대

- **Resuscitator Bag**

  인공 호흡시 사용하는 보조 기구로서 환자의 호흡을 유도하고, 산소를 추가적으로 공급하기 위한 기구

- **Retractable Monitor**

  객실 천장에 있는 모니터. B737과 같은 소형기종에 장착되어 있다.

- **Right**

  승객 좌석에서 조종석을 기준으로 오른쪽

- **Row Of Seats**

  한 열의 전 좌석. 예) 37 ABC DEFG HJK

- **RSVN(Reservation)**

예약

- **Safety Strap**

항공기 문이 열려 있는 경우, 안전 사고 방지용 줄

- **Seal**

객실 압력의 손실을 막기 위해 동체와 문 사이에 고무로 된 Molding

- **Seat Back**

좌석 등받이

- **Seat Configuration**

기종별 항공기 좌석의 배열

- **Seat Pocket**

승객 좌석 앞에 있는 주머니

- **Set Of Seats**

기내 벽이나 복도를 사이에 두고 서로 붙어 있는 좌석들. ABC, DEFG, HJK 등

- **Shoulder Harness**

이 · 착륙시 승무원 좌석에 착석하여 매는 어깨끈

- **Show-Up**

승무원이 비행을 위해 출근하였다는 의미의 Sign List

- **SHR(Special Handling Request)**

  탑승객의 각종 정보를 수록한 List

- **Side Barrier**

  비상 탈출시 추락 방지를 위해 문 did 옆을 고정시키는 줄

- **Single Aisle Aircraft**

  객실 통로가 1개인 소형 기종

- **SKD(Schedule 의 약자)**

- **Sky Phone**

  항공기내의 위성 전화

- **Slide**

  비상 탈출시 사용할 수 있는 미끄럼틀

- **Slide Bustle**

  Escape Device를 보관하고 있는 Plastic Case

- **Slide Bustle Brackets**

  소형기의 Slide 하단에 붙어 있는 고리

- **Slide/Raft**

  비상시 탈출용으로 사용하는 Escape Device

- **Smoke Detector**

  화장실 내의 연기 감지 장비

- **Solid Door**

  접히지 않는 Door

- **SQUAWK**

  비행 중 고장인 경우 일지에 기재된 결함 상태를 말한다.

- **SRI(Security Removed Item)**

  항공기내 휴대할 수 없는 제한 품목을 말한다.

- **STD(Scheduled Time Of Departure)**

  시간표 상의 출발 시간

- **Sterile Cockpit**

  비행 안전 취약 단계

  운항 승무원의 업무에 방해하는 어떤 행위도 금지하는 규정

- **STF(Staff)**

  직원

- **STN(Station)**

  정거장, 출발, 도착장

- **Stowage**

  객실내의 물건을 보관하는 장소

- **Stretcher Passenger(STCR PAX)**

  침상을 이용하는 환자

- **Suggestion Letter**

  승객이 항공사에 건의 사항을 기록하는 양식

- **T/S(Transit)**

  목적지로 가지 위해 경유지에서 다른 항공기로 갈아타는 것

- **Tail Wing**

  항공기의 꼬리 날개

- **THRU(Through)**

  통과

- **TIM(Travel Information Manual)**

  항공 여행과 관련된 국가별 규정, 절차, 규제 사항을 수록한 발행되는 항공 여행 정보 책자

- **TKT(Ticket)**

  항공권

- **Trash Receptacle**

  쓰레기통

- **Tray Table**

  승객의 좌석에 있는 식사대

- **T/S(Transit)**

  통과

- TTL(Total)

- TWOV(Transit Without Visa)

출발지에서 목적지로 가기 위해 비자없이 중간 경유지 국가를 통과하는 여객

- UM(Unaccompained Minor)

보호자 없이 혼자 여행하는 소아를 뜻하며, 국제선은 만 5세에서 만 12세 미만, 국내선은 만 5세에서 만 13세 미만으로 규정되어 있다.

- ULD(Unit Loading Device)

화물칸에 화물 적재를 위한 커다란 금속 Box

- Up Grade

상위 Class으로 등급 변화

- UPK(Universal Precaution Kit)

환자의 체액이나 혈액을 직접 접촉하지 않도록 하기 위한 소독되어 있는 장갑, Mask, 가운 등의 Item으로 구성되어 있다.

- VIP(Very Important Person)

특별 고객

- W/B(Weight & Balance)

항공기의 중량 및 중심을 잡기 위해 계산에 의해 산출하는 것

- **Winglet**

  비행기의 주 날개 끝에 수직으로 세워진 작은 날개

  이는 날개 끝에서 발생하는 소용돌이로 연료를 절감하는데 큰 효과를 가져오고 있다.

- **W X(Weather)**

  날씨

- **YRS(Years)**

부록2

항공사 코드

세계 주요 항공사명 및 코드

국제 항공관련 대표적인 기구 및 단체로 IATA와 ICAO가 있다. 항공사들은 IATA와 ICAO에서 항공기 운항 스케줄 관리 및 전산처리와 관제용에 쓰이는 코드를 부여받는다.

IATA (International Air Transport Association)

국제항공운송협회 國際航空運送協會

ICAO (International Civil Aviation Organization)

국제민간항공기구 國際民間航空機構

항공사로고	항공사	IATA	ICAO
	Aeroflot-Russian Airlines	SU	AFL
	Air Canada	AC	ACA
	Air China	CA	CCA
	Air India	AI	AIC
	Air France	AF	AFR
	Air New Zealand	NZ	ANZ
	Alitalia	AZ	AZA
	Air Koryo	JS	KOR
	All Nippon Airway	NH	ANA
	American Airlines	AA	AAL
	Asiana Airlines	OZ	AAR

	Austrian Airlines	BD	BMA
	British Airways	BD	BMA
	British Midland	BD	BMA
	Cathay Pacific Airways	CX	CPA
	China Airlines	CI	CAL
	China Eastern Airlines	MU	CES
	China Southern Airlines	CZ	CSN
	Continental Airlines	CO	CO
	Delta Airlines	DL	DAL
	Egypt Air	MS	MSR
	Emirates Airlines	EK	UAE
	Eva Airways	BR	EVA
	Japan Airlines	JL	JAL
	KLM Royal Dutch Airlines	KL	KLM
	Korean Air	KE	KAL
	Lufthansa German airlines	LH	DLH
	Malaysia Airlines	MH	MAS
	Pakistan International Airlines	PK	PIA
	Philippine Airlines	PR	PAL
	Qantas Airways	QF	QFA
	Qatar Airways	QR	QTR
	Saudi Arabia Airlines	SV	SVA
	Singapore Airlines	SQ	SIA
	South African Airways	SA	SAA

	Span air	JK	JKK
	Srilankan airlines	UL	ALK
	Swiss air	SR	SWR
	Thai Airways International	TG	THZ
	Thai Sky Airlines	9I	TKY
	Turkish Airlines	TK	THY
	United Airlines	UA	UAL
	Vietnam Airlines	VN	HVN

한국 항공사

항공사로고	항공사	발음	LATA코드
	대한항공	KOREAN AIR	KE
	아시아나항공	ASIANA AIRLINES	OZ
	제주항공	JEJU AIR	7C
	이스타항공	EASTAR JET	ZE
	진에어	JIN AIR	LJ
	에어부산	AIR BUSAN	BX

참고 문헌

- 대한항공 신입 승무원 교육 교재
- 대한항공 객실승무원 업무 교범
- 대한항공 기내지, Morning Calm
- 아시아나 기내지
- 아시아나항공 직무 훈련 교재
- 제주항공 객실승무원 업무 교범
- 항공기 일반, 교육인적자원부, 2002.
- 항공기 기체, 교육인적자원부, 2002.
- 정상천 외, 「기내구조 및 비행안전」, 기문사, 2004.
- 심종수 외, 「항공기 객실구조 및 안전장비, 기문사, 2006.
- 이병선, 「항공기 객실서비스실무」, 백산출판사, 2008.

저자 약력

중앙대학교 법과대학 행정학과 졸업

전) 대한항공 수석사무장
대한항공 특별기 전세 추진위원
대한항공 객실부문제안 심사위원
대한항공 객실 승무원 면접관
대한항공 객실 승무원 서비스 점검관
대한항공 안전지도팀장(INSPECTOR)
대한항공 상무대우 수석사무장
동양대학교 관광경영대학 항공비서학부 겸임교수
장안대학교 항공관광과 교수
동양대학교 항공대학 항공서비스학과 교수
현) 교통안전공단 항공 안전 객실분과위원
국립대두대간 고객만족 자문위원장

저서
항공기 객실서비스실무(2008), 백산출판사
항공용어해설(2018), 백산출판사
항공사 객실승무원을 위한 면접 노하우(2019), 백산출판사

항공기 구조 및 비행안전

2008년 7월 30일 초　판 1쇄 발행
2021년 8월 20일 개정4판 3쇄 발행

지은이 이병선
펴낸이 진욱상
펴낸곳 백산출판사
교　정 편집부
본문디자인 오정은
표지디자인 오정은

저자와의 합의하에 인지첩부 생략

등 록 1974년 1월 9일 제406-1974-000001호
주 소 경기도 파주시 회동길 370(백산빌딩 3층)
전 화 02-914-1621(代)
팩 스 031-955-9911
이메일 edit@ibaeksan.kr
홈페이지 www.ibaeksan.kr

ISBN 978-89-6183-084-3　93980
값 23,000원